Shahide Dehghan
Hoosein Norouzi
Hossein Gholami

Energia eólica em edifícios urbanos

Shahide Dehghan
Hoosein Norouzi
Hossein Gholami

Energia eólica em edifícios urbanos

ScienciaScripts

Imprint
Any brand names and product names mentioned in this book are subject to trademark, brand or patent protection and are trademarks or registered trademarks of their respective holders. The use of brand names, product names, common names, trade names, product descriptions etc. even without a particular marking in this work is in no way to be construed to mean that such names may be regarded as unrestricted in respect of trademark and brand protection legislation and could thus be used by anyone.

Cover image: www.ingimage.com

This book is a translation from the original published under ISBN 978-620-7-80928-8.

Publisher:
Sciencia Scripts
is a trademark of
Dodo Books Indian Ocean Ltd. and OmniScriptum S.R.L publishing group

120 High Road, East Finchley, London, N2 9ED, United Kingdom
Str. Armeneasca 28/1, office 1, Chisinau MD-2012, Republic of Moldova, Europe
Printed at: see last page
ISBN: 978-620-7-88467-4

Energia eólica em edifícios urbanos

Shahide Dehghan[1] , Hoosein Norouzi[2], Hossein Gholami[3]

[1]Departamento de Geografia, Secção de Najafabad, Universidade Islâmica Azad, Najafabad, Irão

[2] Departamento de Engenharia Civil, Isfahan (Khorasgan) Branch, Islamic Azad University, Isfahan, Irão

[3]Departamento de Engenharia Civil, Isfahan (Khorasgan) Branch, Islamic Azad University, Isfahan, Irão

2024

Índice

Prefácio

Considerando que os recursos de combustíveis fósseis estão a esgotar-se, é necessário procurar formas de utilizar fontes de energia renováveis para fornecer a energia necessária para edifícios residenciais e outras utilizações industriais. Entretanto, a questão da crescente poluição ambiental também enfatiza a necessidade de utilizar energias renováveis. Nos últimos anos, tem aumentado o nível de preocupação no país relativamente ao elevado consumo de energias não renováveis, ao fim dos recursos deste tipo de energias e ao elevado nível de poluição causado pelos combustíveis fósseis. As cidades são um dos centros importantes de consumo de energia, e com o aumento da população urbana, a quantidade de energia consumida nelas aumenta de dia para dia. A expansão da utilização de novas energias nas cidades é importante tanto em termos de redução da poluição ambiental como em termos de redução do consumo de combustíveis fósseis. Nos últimos anos, temos ouvido falar muito da construção de centrais eólicas, mas a forma de tirar partido deste recurso em pequena escala e em espaços urbanos parece pouco clara. Uma das forças laterais sobre a estrutura é a carga de vento do edifício, que deve ser tida em conta na conceção das estruturas. O vento é uma das cargas mais importantes sobre a estrutura, que é sempre aplicada durante o funcionamento da estrutura e dos componentes estruturais e não estruturais. Não é exagero dizer que o fator mais importante que afecta a quantidade de força do vento sobre o edifício é a altura do edifício! À medida que a altitude aumenta, a velocidade do vento também aumenta; ou seja, quanto mais altos os andares, mais pressão do vento entra no edifício. Em geral, a presença de edifícios, árvores e outros efeitos naturais à volta do edifício não está longe do esperado. Como foi dito anteriormente, estes obstáculos reduzem a velocidade do vento e, por conseguinte, quanto maior for a densidade e a altura destes obstáculos à volta do edifício, mais a velocidade do vento diminuirá à volta do edifício e menos pressão será aplicada ao edifício. Aparentemente, isto determina o grau de resistência do edifício ao vento. Do ponto de vista do sexto tópico, este coeficiente depende apenas da altura do edifício, do nível de irregularidade em torno do edifício e, possivelmente, da influência da velocidade no topo das colinas; quanto maior a altura do edifício e menor a rugosidade do ambiente, mais ventoso é o edifício e mais força do vento é aplicada a ele.

Introdução

Por outro lado, o vento causa pressão e sucção nas superfícies externas da estrutura. Além disso, exerce uma grande pressão sobre as superfícies internas da estrutura, o que também provoca uma força de sucção. A força de sucção do vento desempenha um papel muito importante e tem um grande impacto nas paredes e nos tectos. A dimensão da necessidade de fontes de energia por parte do homem sempre foi uma das questões básicas e importantes da vida humana, e a tentativa de obter uma fonte inesgotável de energia tem sido uma das aspirações de longa data do homem. A energia eólica é um dos principais tipos de energia renovável que há muito tempo atrai a atenção do homem. Por isso, o homem sempre pensou em utilizar esta energia na indústria. O homem utilizou a energia eólica para impulsionar barcos, veleiros e moinhos de vento. Na situação atual, considerando os casos mencionados e a justificação económica da energia eólica em comparação com outras fontes de energia nova, parece vital e necessário lidar com a energia eólica. A ventilação natural é um dos melhores e mais baratos métodos de ventilação, que se realiza através da criação de um fluxo de ar natural no interior do edifício. A dimensão da necessidade de fontes de energia por parte do homem sempre foi uma das questões básicas e importantes da vida humana, e a tentativa de obter uma fonte inesgotável de energia tem sido uma das aspirações de longa data do homem. A energia eólica é um dos principais tipos de energia renovável que há muito tempo atrai a atenção do homem. Por isso, o homem sempre pensou em utilizar esta energia na indústria. O homem utilizou a energia eólica para impulsionar barcos, veleiros e moinhos de vento. Na situação atual, tendo em conta os casos mencionados e a justificação económica da energia eólica em comparação com outras fontes de novas energias, parece vital e necessário lidar com a energia eólica.

Corpo do texto

A ventilação natural é um dos melhores e mais económicos métodos de ventilação, que se faz através da criação de um fluxo de ar natural no interior do edifício. As turbinas eólicas podem ser utilizadas em contextos urbanos, como ruas e edifícios, para além de parques eólicos localizados em terra ou no mar. Devido à importância crescente do aumento da eficiência energética urbana e dos padrões de sustentabilidade, os projectos de energia eólica urbana estão a aumentar rapidamente. A arquitetura urbana não permite a construção de centrais eólicas porque os edifícios densos bloqueiam o movimento do vento e alteram a sua velocidade e direção. Para tirar partido dos benefícios desta energia limpa, as cidades passaram a utilizar turbinas de eixo vertical, que não são altas e não requerem um grande terreno para instalação, mas podem ser colocadas a uma altura baixa e perto do solo, e a partir de características físicas naturais ou de solo artificial é utilizado o que ajuda o fluxo de ar. Estas turbinas não precisam de ser expostas ao vento e a alteração da direção do fluxo de ar não afecta o seu desempenho. Além disso, o impacto ambiental das turbinas urbanas de eixo vertical é menor, especialmente nas aves. As turbinas eólicas denominadas Aeriva na América foram concebidas para serem utilizadas em espaços urbanos. Estas estruturas de energia eólica de sistema modular têm pás verticais de dois metros feitas de plástico reciclado e, em vez da forma de turbina habitualmente vista nos parques eólicos, têm uma forma em espiral. A estrutura das pás torna-as muito adequadas para serem utilizadas nas ruas, porque o movimento das pás durante a rotação não colide com nada e giram em torno de um determinado eixo de forma projectada. Este tipo de turbina será eficaz em telhados, jardins, aeroportos, edifícios comerciais e bermas de estradas. O país do Irão, em termos de âmbito geográfico e diversidade ambiental, sempre teve programas nacionais e especiais no sector da energia, e a utilização de energias novas e renováveis tem sido enfatizada. Por conseguinte, a utilização de novas energias tem uma importância especial e é uma necessidade inevitável. O livro mostra como as formas arquitectónicas são eficientes e poupam energia, o que pode ser conseguido através da sua combinação e da consideração da expressão arquitetónica, para alcançar os princípios da construção de estruturas altas. Configurações inovadoras para edifícios muito altos são definidas com base nos princípios do vento para alcançar a estabilidade global. É claro que a integração de turbinas eólicas em edifícios altos está a tornar-se dramaticamente uma forma comum de reduzir o impacto das emissões de carbono e de fazer uma declaração pública sobre as credenciais de construção ecológica. No entanto, há uma série de considerações que devem ser avaliadas para determinar os benefícios ambientais a longo prazo desta fusão. Foram abordados os aspectos práticos dos benefícios da integração de turbinas eólicas, o método de avaliação da eficiência e a otimização do design, e discutidas questões fundamentais na introdução de turbinas eólicas compatíveis com o ambiente urbano. Com a crescente expansão das sociedades humanas e o desenvolvimento industrial de diferentes sociedades, a necessidade de recursos energéticos está a aumentar. Por outro lado, os recursos fósseis estão a esgotar-se (alarme), estes recursos são limitados em termos de tamanho e quantidade, e também se considera que poluem o ambiente. Por conseguinte, nos últimos anos, tem aumentado a tendência para utilizar fontes de energia novas e renováveis. Uma das mais baratas e acessíveis é a energia eólica. A análise da quantidade de utilização desta energia nos últimos anos é uma boa indicação da sua importância e posição no fornecimento de energia no mundo. O gráfico abaixo mostra o custo de produção de cada quilowatt-hora de energia eléctrica a partir do vento nos últimos anos, que tem vindo a aumentar. Uma turbina eólica é constituída por uma torre de suporte, pás, caixa de velocidades, gerador e veio da turbina. Como a velocidade de rotação das pás é baixa, utilizam uma caixa de velocidades para aumentar a velocidade de rotação do veio do gerador. Para obter o máximo de energia do vento, o ângulo das pás deve mudar com a alteração da velocidade do vento, o que é feito através do controlo do ângulo das pás. Além disso, depois de medir a direção do vento, um pequeno motor chamado guinada faz rodar toda a parte superior da torre da turbina para a alinhar com a direção do vento. Turbinas eólicas de velocidade fixa Até ao início dos anos 90, a norma de instalação e funcionamento baseava-se em turbinas eólicas de velocidade fixa. Neste tipo de turbinas, independentemente da velocidade do vento, a velocidade do rotor da turbina (eixo) é constante. Esta velocidade depende da frequência da rede de construção do gerador e da relação das engrenagens da caixa de velocidades. Estes tipos de turbinas têm um gerador de indução em gaiola de esquilo ou um rotor em espiral, que estão diretamente ligados à rede eléctrica. Estes geradores estão equipados com um arrancador suave e bancos de condensadores para compensar a energia reactiva. Estes geradores são concebidos de forma a terem a maior eficiência a uma determinada velocidade do vento. A fim de aumentar a potência de produção do gerador, estas turbinas eólicas têm dois tipos de configurações nos enrolamentos do estator, um é utilizado a baixas velocidades do vento e o outro é utilizado a velocidades médias ou altas. Este tipo de turbinas tem vantagens como a simplicidade, a robustez e a elevada fiabilidade, tendo sido realizados muitos trabalhos científicos e de investigação sobre as mesmas. O preço dos componentes eléctricos e do seu acionamento também é baixo. As principais desvantagens deste tipo de turbinas são o consumo incontrolável de energia reactiva, o stress mecânico e o controlo limitado da qualidade da energia. Devido ao seu funcionamento a velocidade constante, todas as flutuações na velocidade do vento aparecem como flutuações no binário mecânico e, a partir daí, como flutuações na potência eléctrica da rede. No caso de redes fracas, as flutuações de potência podem levar a grandes flutuações de tensão que causam perdas consideráveis nas linhas de transmissão intermédias. O sistema elétrico das turbinas eólicas de velocidade variável é muito mais complexo do que o das turbinas de velocidade fixa. Estes tipos de turbinas têm normalmente um gerador de indução ou síncrono e estão ligados à rede através de um conversor de potência. As vantagens deste tipo de turbinas são: aumentar a energia obtida do vento, melhorar a qualidade da energia e reduzir o stress mecânico. As suas desvantagens são: perdas nos componentes electrónicos de acionamento, utilização de mais componentes e aumento do custo devido ao equipamento dos sistemas electrónicos. Neste tipo de turbinas, as flutuações de potência causadas pelas flutuações do vento aparecem principalmente como alterações na velocidade do rotor da turbina e do gerador. O método de controlo mais simples, mais resistente e mais barato é o controlo residual (controlo passivo), em que as pás são aparafusadas dentro do cubo com um ângulo fixo. A conceção do rotor é tal que, se a velocidade do vento exceder um determinado limite, o rotor perde a potência do vento. Por conseguinte, a potência aerodinâmica das pás é limitada. Este ajustamento da potência aerodinâmica permite-nos ter menos flutuações de potência do que o ajustamento rápido da potência por escalões. Algumas das deficiências deste método são a baixa eficiência a baixas velocidades do vento, a falta de arranque auxiliar e as alterações na potência máxima em estado estacionário devido a alterações na densidade do ar e nas frequências da rede. Outro tipo de controlo é o controlo por passos (controlo ativo), em que as palhetas podem ser rodadas na direção do vento ou vice-versa quando a potência de saída é demasiado baixa ou demasiado alta, respetivamente. Em geral, as vantagens deste tipo de controlo são o bom controlo da potência, o rearranque auxiliar e a paragem de emergência. Do ponto de vista elétrico, um bom controlo significa que, a altas velocidades, o valor principal da potência de saída está próximo do valor nominal do gerador. Algumas das suas desvantagens são a complexidade adicional causada pelo mecanismo de passo e mais flutuações de potência a altas velocidades. Durante a tempestade e as velocidades limitadas do mecanismo de passo, a potência instantânea flutua em torno do valor nominal. A terceira estratégia de controlo é a residual ativa. A baixas velocidades do vento, para atingir a máxima eficiência, as pás são rodadas como uma turbina eólica com controlo de passo. A altas velocidades, as pás são conduzidas para uma paragem profunda e suavemente na direção oposta à da turbina de passo controlado. Com este tipo de controlo, obtém-se um limite de potência mais suave (sem as elevadas oscilações das turbinas eólicas de passo controlado). Este tipo de controlo tem vantagens como a capacidade de compensar as alterações da densidade do ar. A combinação com o mecanismo de passo facilitou as paragens e arranques de emergência das turbinas eólicas. Uma vez que os geradores de indução em gaiola de esquilo SCIG são sempre alimentados pela rede de potência reactiva, este relaxamento utiliza uma bateria de condensadores para compensar a potência reactiva. Uma ligação suave e sem problemas à rede é conseguida através de um arrancador suave. Como mencionado no caso de redes fracas, as flutuações do vento são convertidas em flutuações de tensão. Estes tipos de turbinas podem absorver quantidades variáveis de energia da rede, o que aumenta tanto as vibrações de tensão como as perdas de linha. Esta categoria de turbinas eólicas limitadas pela velocidade variável tem uma resistência variável no rotor e é conhecida como Optislip. Neste tipo de arranjo, eles usam um gerador de indução de rotor enrolado. O gerador é ligado diretamente à forma e é utilizado um arrancador suave para obter uma ligação mais suave. A resistência variável do rotor deste tipo de geradores pode ser ajustada com um conversor controlado por impulsos de luz instalado acima do eixo do rotor. Estes equipamentos ópticos requerem anéis deslizantes dispendiosos (que necessitam de limpeza e manutenção). Neste caso, a resistência do rotor pode ser alterada e assim controlar o escorregamento. Deste modo, a potência de saída do sistema é controlada. A gama de controlo dinâmico da velocidade depende do tamanho da resistência variável do rotor. Este tipo de arranjo é conhecido como gerador de indução com dupla alimentação. A capacidade do conversor (conversor de frequência com capacidade fraccionada) é de cerca de 30% da potência nominal do gerador. Este conversor efectua a compensação de potência reactiva e, ao mesmo tempo, resulta num estado mais suave e liso quando ligado à rede eléctrica. Este tipo de arranjo tem uma gama mais ampla no controlo dinâmico da tensão em comparação com o Optislip. A sua gama de velocidades é geralmente mais ampla em comparação com a velocidade síncrona. Um conversor de frequência mais pequeno é mais económico do ponto de vista económico. As principais deficiências deste método são a utilização de anéis colectores e a sua proteção contra erros da rede. Neste método, o gerador é ligado à rede através de um conversor (conversor de frequência com capacidade total). O conversor de frequência efectua a compensação de potência reactiva e tem uma caraterística mais suave e lisa quando ligado à rede. Este tipo de gerador pode ser excitado eletricamente, como os WRIGs, WRSGs, ou excitado através de um íman permanente (PMSG). Algumas turbinas eólicas de velocidade totalmente variável não têm qualquer tipo de caixa de velocidades. Nestes casos, são utilizados geradores multipolares diretamente controlados (com um grande diâmetro). Os geradores assíncronos são o tipo mais comum de geradores utilizados nas turbinas eólicas. As suas vantagens são a robustez mecânica, a simplicidade e o baixo preço, e as suas desvantagens são a necessidade de corrente de magnetização. A sua potência reactiva é fornecida pela bateria de condensadores ou pela eletrónica de potência. O campo magnético criado no gerador roda a uma velocidade determinada pelos pólos do enrolamento e pela frequência da rede, sendo designada por velocidade síncrona. O gerador de indução duplamente alimentado (DFIG) é uma opção interessante, com um mercado em crescimento e com procura. O DFIG é um WRIG, o estator está diretamente ligado à rede trifásica de frequência fixa e o enrolamento do rotor é alimentado por um conversor de fonte de tensão com interruptores IGBT, com estágios unidireccionais back-to-back. O termo dupla alimentação refere-se ao facto de o estator fornecer tensão à rede eléctrica para alimentar cargas e a tensão do rotor ser gerada pelo conversor de potência. A velocidade de funcionamento deste sistema está numa gama ampla mas limitada. O conversor compensa a diferença de frequência eléctrica e mecânica injectando corrente no rotor com uma frequência variável. Tanto durante o funcionamento normal como durante as falhas, o comportamento do gerador é regulado pelo conversor de potência e pelos seus controladores. O conversor de potência é composto por dois conversores, o conversor do lado da rede e o conversor do lado do rotor, cada um dos quais é controlado de forma independente. A ideia básica é que o conversor do lado do rotor controla as potências ativa e reactiva através do controlo dos componentes da corrente do rotor, enquanto o conversor do lado da linha controla a tensão do lado DC para garantir que o conversor funciona com um fator de potência unitário (potência reactiva zero). . Dependendo das condições de funcionamento do conversor, a potência é alimentada para dentro ou para fora do rotor. Em condições super-síncronas, a potência flui do rotor para a rede, e em condições sub-síncronas, a potência flui da rede para o rotor. A capacidade de produzir potência reactiva que é fornecida ao estator. Como foi dito, o conversor do lado da rede funciona com fator de potência unitário e não se envolve na troca de potência reactiva. É claro que, no caso de redes fracas, os geradores DFIG são possíveis. Em caso de flutuações de tensão, para trocar potência reactiva com a rede, deve ser dado um comando, embora a capacidade de controlar a tensão não esteja relacionada com a potência global do gerador, mas com a gama de velocidade e potência de deslizamento. O preço do conversor é proporcional à gama de velocidades em torno da velocidade síncrona. O defeito inevitável dos geradores DFIG é a utilização de anéis colectores. As vantagens da utilização de uma turbina eólica são: As turbinas eólicas não necessitam de combustível, o que reduz o consumo de combustíveis fósseis. A utilização da energia eólica é gratuita. Não é necessário muito terreno para instalar a turbina, e as turbinas eólicas não precisam de água. A utilização da energia eólica não causa qualquer poluição ambiental. A insuficiência do fluxo de vento nos espaços abertos dos complexos residenciais é um dos problemas mais importantes que reduziu consideravelmente o conforto climático e, consequentemente, o desejo de estar nesses espaços. Nos últimos anos, têm sido publicadas várias declarações e slogans sobre a eficiência na poupança de energia que leva à poupança de recursos não renováveis. Por outro lado, devido aos esforços dos investigadores durante os últimos 100 anos, a ciência da engenharia eólica (CWE) passou por uma transição bem sucedida, uma evolução de um campo emergente e quase desconhecido para um campo evoluído que inclui educação, profissões aplicadas e investigação extensiva em torno da engenharia eólica. A engenharia eólica é definida como a melhor descrição e análise da interação do vento e da camada limite atmosférica, bem como das actividades humanas na superfície da terra. A combinação da arquitetura com a natureza e as plantas não é uma ideia nova; a conceção de espaços verdes começou quando as pessoas prestaram atenção à arquitetura. A construção de um local de residência inclui a utilização de áreas com design de jardim como um método artístico que tem sido de interesse para os seres humanos desde há muito tempo. A necessidade de utilizar energias renováveis para produzir mais energia eléctrica é um dos campos mais importantes e fundamentais para encontrar novas fontes de energia renovável. A exploração óptima dos recursos naturais não só satisfaz as necessidades humanas na produção de eletricidade, como também estabelece um equilíbrio entre a satisfação das necessidades humanas e a utilização óptima e não danosa do ambiente natural, que é uma das principais questões da sustentabilidade ambiental. Mas entre as fontes de energia renováveis existentes, a energia eólica e solar são particularmente populares devido à sua abundância, fácil acesso e facilidade de conversão em energia eléctrica. Hoje em dia, com a produção em massa e económica de todos os tipos de turbinas eólicas e células solares ou fotovoltaicas (PV), a utilização da energia eólica e solar para satisfazer as necessidades energéticas dos edifícios e a sua independência energética, e mesmo a venda de energia excedentária às companhias de eletricidade, é muito popular. A atenção tem sido atraída. O edifício de energia zero, conhecido como Zero Network Energy Building (ZNE), Zero Network Energy Building (NZEB) ou Zero Network Building, é um edifício com consumo zero de energia e zero emissões anuais de carbono. Os edifícios que produzem o dobro da energia ao longo do ano podem ser designados por edifícios de dupla energia e os edifícios que consomem relativamente mais energia do que produzem são designados por edifícios de energia quase nula ou casas de energia muito baixa. No mundo atual, devido à limitação das fontes de combustíveis fósseis, os edifícios, as indústrias e outras organizações passaram a utilizar outras energias disponíveis na terra, como a energia solar, eólica, biológica e hídrica. Os edifícios antigos consomem 40% de toda a energia proveniente de combustíveis fósseis nos Estados Unidos e na União Europeia e são importantes contribuintes para os gases com efeito de estufa. são considerados O princípio do consumo líquido zero de energia é considerado uma ferramenta para reduzir as emissões de carbono e a dependência dos combustíveis fósseis. Embora os edifícios de energia zero sejam pouco comuns mesmo nos países desenvolvidos, estão a ganhar importância e popularidade de dia para dia. A maioria dos edifícios de energia zero utiliza a rede eléctrica para armazenar energia, mas alguns deles são também independentes da rede. A energia é normalmente produzida no local através de uma combinação de tecnologias de produção de energia, como a tecnologia solar e eólica, ao mesmo tempo que se reduz o consumo total de energia com tecnologias de AVAC e de iluminação altamente eficientes. O objetivo da energia zero torna-se mais prático com a redução do custo das tecnologias energéticas alternativas e o aumento do custo dos combustíveis fósseis. A criação de edifícios modernos de energia zero foi possível não só graças aos progressos realizados nas novas tecnologias energéticas e técnicas de construção, mas também graças à investigação académica. Esta investigação recolhe informações detalhadas sobre o desempenho energético de edifícios antigos e experimentais e fornece parâmetros de desempenho para modelos informáticos avançados destinados a prever a eficiência dos projectos de engenharia. O conceito de energia zero é aceite de muitas formas, devido às muitas opções de produção e armazenamento de energia, bem como aos muitos métodos de medição de energia. A ideia de Vasil de consumo líquido zero de energia atraiu muita atenção porque a utilização de energias renováveis é um meio e uma solução para eliminar os poluentes e os gases com efeito de estufa. A utilização de energias renováveis é um meio e uma solução para eliminar os poluentes e os gases com efeito de estufa. Estes edifícios podem ser separados e independentes da rede de abastecimento de energia, pelo que a energia pode ser produzida localmente e através de uma combinação de novas tecnologias de produção de energia, como a solar, a eólica e os biocombustíveis. No entanto, ao utilizar tecnologias especiais para iluminação ultra-eficiente e sistemas de aquecimento e arrefecimento, foram feitos esforços para consumir o mínimo de energia possível. Por outras palavras, num edifício de energia zero, antes de produzir energia limpa, o consumo de energia foi optimizado em diferentes partes do edifício e, com a utilização inteligente de tecnologia renovável, estabelece-se um equilíbrio entre a produção e o consumo de energia. Embora os edifícios com consumo zero de energia sejam muito raros, mesmo nos países avançados, devido ao facto de serem independentes dos combustíveis fósseis e ajudarem a reduzir a poluição por carbono, estão a crescer e a receber muita atenção. Uma das categorias de influência mais importantes na arquitetura dos edifícios é o vento. De um modo geral, as condições climáticas na arquitetura requerem estudos e investigações exaustivos, que dia após dia, com o avanço da tecnologia, abrem novas janelas neste campo. O vento é considerado uma fonte de energia importante em muitas questões de planeamento urbano e construção, tendo sido apresentadas teorias para a sua utilização optimizada e para a prevenção dos seus possíveis danos. É possível que já se tenha deparado com o título quebra-ventos em estruturas de edifícios. Esta questão mostra que as pessoas têm dado importância ao efeito do vento na conceção dos edifícios e, para além de utilizarem a energia eólica, também têm feito coisas para evitar os seus possíveis perigos. O vento é criado pela alteração da pressão atmosférica. A causa do vento é o movimento do ar de uma área de alta pressão para uma área de baixa pressão, e esta mudança de pressão deve-se ao aquecimento não uniforme da terra devido à radiação solar. Como sabe, a elevada turbulência do vento a baixas altitudes pode ser preocupante. Muitos factores, como a floresta e os edifícios, afectam o fluxo de ar e fazem com que este seja direcionado, desviado, comprimido e, em geral, altere a sua velocidade e padrão. Por conseguinte, as dimensões e a forma dos desníveis desempenham um papel importante na criação de zonas com ventos fortes. É claro que também existem zonas com vento, todas elas muito importantes à sua maneira. A influência do vento na conceção de edifícios é sempre objeto de atenção por parte dos engenheiros de construção. As regiões polares e semi-tropicais são regiões de alta pressão e estáveis, e as regiões de alta latitude são conhecidas como regiões de baixa pressão. As zonas de baixa pressão e de alta pressão provocam vento, e iremos aprender sobre os tipos de vento na arquitetura. Ao conhecer os tipos de vento, os engenheiros conseguiram compreender melhor o efeito do vento na conceção dos edifícios. O centro destes ventos, que têm ar de alta pressão, são os trópicos. A direção do movimento destes ventos no hemisfério norte é para sudoeste. Além disso, no hemisfério sul, estes ventos deslocam-se em direção a noroeste. Estas duas direcções são frequentemente constantes e as zonas atravessadas por estes tipos de ventos determinam a temperatura e a humidade. Ventos de oeste As regiões subtropicais são conhecidas como o centro destes ventos, que se deslocam em direção às zonas de baixa pressão do Oceano Ártico. Estes ventos e os ventos polares, que também conhece, aproximam-se durante a região polar e, devido à grande diferença de temperatura destas duas massas, criam-se frentes de tempestade. No verão, a direção e a velocidade destes ventos permanecem quase constantes, mas no inverno há muitas alterações nestes factores. Ventos polares As massas de ar frio dispersam-se das zonas polares de alta pressão e do Oceano Ártico e formam os ventos polares. No hemisfério sul, estes ventos deslocam-se para noroeste e no hemisfério norte para sudoeste. O vento é uma fonte de energia renovável, limpa, gratuita e facilmente disponível. Todos os dias, em todo o mundo, as turbinas eólicas captam a energia do vento e transformam-na em eletricidade. A produção de eletricidade através da energia eólica desempenha um papel muito importante para o planeta Terra no fornecimento de energia de uma forma limpa e sustentável. Mas como é que a energia eólica é produzida? As turbinas eólicas permitem-nos utilizar a força do vento e convertê-la em energia. Quando o vento sopra, as pás da turbina giram no sentido dos ponteiros do relógio e absorvem a energia. Isto provoca a rotação do eixo principal da turbina eólica, que está ligado a uma caixa de velocidades dentro de uma caixa. A caixa de velocidades envia a energia eólica para o gerador e converte-a em eletricidade. Em seguida, a eletricidade é transferida para um transformador para fazer corresponder os níveis de tensão à rede. O vento é o movimento do ar provocado pelo aquecimento desigual da terra pelo sol. O vento não tem componentes tangíveis ou visíveis, mas pode sentir-se a sua força. Pode secar a roupa no verão e arrefecer até aos ossos no inverno. É suficientemente poderoso para impulsionar navios à vela através do oceano e arrancar árvores enormes. O vento é o grande equalizador da atmosfera terrestre, transportando calor, humidade, poluentes e poeiras a grandes distâncias em todo o mundo. A diferença de pressão atmosférica provoca o vento. O sol no equador aquece a água e a terra mais do que noutras partes do planeta. O ar tropical quente sobe em direção à atmosfera terrestre e desloca-se para os pólos. Esta frente é um sistema de baixa pressão. Ao mesmo tempo, o ar mais frio e mais denso da superfície da Terra desloca-se para o equador, substituindo o ar aquecido. Esta frente é um sistema de alta pressão. Os ventos sopram normalmente de zonas de alta pressão para zonas de baixa pressão. A energia eólica descreve o processo pelo qual o vento é utilizado para gerar energia mecânica ou eletricidade. As turbinas eólicas convertem a energia cinética do vento em energia mecânica. Esta energia mecânica pode ser utilizada para tarefas específicas ou convertida em eletricidade por um gerador. A energia eólica é uma das fontes de energia em mais rápido crescimento no mundo devido às suas muitas vantagens. Através de projectos de investigação e desenvolvimento (I&D), a energia eólica também examina e resolve parte dos principais desafios do fornecimento de energia em diferentes partes do mundo. De seguida, vamos analisar as vantagens da energia eólica. Barato da energia eólica A energia eólica é acessível em muitas áreas. A utilização do vento que sopra do mar para a terra (onshore) é uma das fontes de energia mais baratas atualmente disponíveis. Como a eletricidade dos parques eólicos é vendida a um preço fixo durante um longo período de tempo (por exemplo, 20 anos) e a fonte da sua produção é gratuita, a energia eólica oferece a incerteza e a estabilidade de preços que o custo do combustível primário (como os combustíveis fósseis) proporciona às fontes tradicionais. Acrescenta energia, reduz-a. Esta indústria em algumas áreas onde o fornecimento de energia através de outros métodos parece mais económico e a energia eólica tem de competir com outras fontes de energia. O vento é uma fonte de energia autóctone. As reservas eólicas em diferentes regiões do mundo são abundantes e inesgotáveis. Por exemplo, nos últimos 8 anos, a capacidade de produção de energia eólica nos EUA cresceu 25% ao ano e a energia eólica é atualmente a maior fonte de energia renovável nos EUA. A energia eólica é uma fonte de combustível limpa; ao contrário das centrais eléctricas que dependem da combustão de combustíveis fósseis, como o carvão ou o gás natural, que emitem partículas, óxidos de azoto e dióxido de enxofre, a energia eólica não polui o ar e, por conseguinte, não prejudica a economia e a saúde, ajudando assim os países a atingir os seus objectivos de redução das emissões de gases com efeito de estufa e a combater as alterações climáticas. A energia eólica é abundante, está facilmente disponível e o facto de beneficiar da sua potência não provoca o consumo de recursos naturais valiosos. As turbinas eólicas não emitem gases com efeito de estufa e poluentes atmosféricos, nem provocam chuvas ácidas e smog. De facto, uma vantagem ambiental da energia eólica é a sua capacidade de contrariar os efeitos nocivos das alterações climáticas. Por outro lado, a fonte eólica é estável. O vento é, de facto, um tipo de energia solar que é criada pelo aquecimento da atmosfera pelo sol, pela rotação da terra e pelas irregularidades da superfície terrestre. A energia resultante pode ser utilizada para enviar energia através da rede eléctrica. As turbinas eólicas podem ser construídas em campos ou terrenos existentes. Isto é altamente benéfico para o desenvolvimento económico das zonas rurais, que são os melhores locais para utilizar o vento. Os agricultores e criadores de gado podem continuar a trabalhar em terrenos agrícolas, porque as turbinas eólicas utilizam apenas uma pequena parte da terra. Os proprietários das centrais eólicas pagam uma renda ao agricultor ou ao pecuarista para utilizar a terra, e esta renda proporciona um rendimento adicional aos proprietários da terra. Atualmente, a energia eólica, tal como no passado, compete com as fontes de produção convencionais com base no custo e está alguns passos atrás. Apesar da diminuição do custo da energia eólica nas últimas décadas, os projectos eólicos têm de ser capazes de competir economicamente com as fontes de produção de energia mais baratas. Por outro lado, a impossibilidade de utilizar algumas áreas para a produção de energia eólica pode alimentar a inacessibilidade desta questão. Os sítios eólicos situados em boas terras estão frequentemente localizados em locais remotos, longe das cidades onde a eletricidade é necessária. Um dos desafios actuais é a construção de linhas de transporte para levar a eletricidade do parque eólico para a cidade. Entretanto, alguns locais adequados para a construção de parques eólicos são zonas remotas que criam desafios na construção e na logística do transporte de eletricidade. Os avanços tecnológicos em áreas como as pás de duas peças e a construção modular ajudam a ultrapassar esses desafios. O desenvolvimento de recursos eólicos pode não ser a forma mais rentável de utilizar o solo. Os terrenos adequados para a instalação de turbinas eólicas têm de competir com utilizações alternativas que podem ser mais valiosas do que a produção de eletricidade. As turbinas podem causar poluição sonora e visual. Embora os parques eólicos tenham um impacto relativamente pequeno no ambiente em comparação com as centrais eléctricas convencionais, continuam a existir preocupações quanto ao ruído produzido pelas pás das turbinas e ao impacto visual nas paisagens. O equipamento dos parques eólicos pode ter um impacto negativo na vida selvagem local. No entanto, muitos destes problemas foram resolvidos ou reduzidos em grande medida através do desenvolvimento da tecnologia ou da localização adequada das centrais eólicas. Os morcegos também são mortos pelas pás das turbinas, e a investigação continua a desenvolver e a melhorar soluções para reduzir o impacto das turbinas eólicas nestas espécies. Tal como acontece com todas as fontes de energia, os projectos eólicos podem alterar o habitat em que são construídos, o que pode ofuscar a adequação desse habitat para determinadas espécies. A energia eólica é utilizada para impulsionar barcos à vela nos rios e mares para transportar pessoas e carga de um sítio para outro. Através da utilização de turbinas eólicas, a energia cinética do vento pode ser convertida em energia mecânica e, através desta, em energia eléctrica. A energia eólica pode ser utilizada para extrair água do solo através de bombas eólicas. Estas bombas são turbinas que podem bombear até seiscentos litros de água por hora, o que é suficiente para satisfazer as necessidades de uma pequena exploração agrícola. A energia eólica é utilizada para gerar a corrente eléctrica contínua necessária à produção de hidrogénio renovável. . Este tipo de hidrogénio é utilizado, por exemplo, para produzir combustíveis sintéticos ou combustíveis ambientais. Atualmente, a energia eólica é utilizada em todo o mundo. Pode ser utilizada para tarefas específicas, como bombear água ou moer cereais, ou como um gerador que converte esta energia em eletricidade e fornece eletricidade a casas, empresas, edifícios públicos como bibliotecas, escolas e hospitais. A energia eólica como recurso A energia não convencional tem sido muito importante nas últimas décadas. O vento tem a capacidade de atuar como uma fonte de energia renovável e sustentável para benefício dos seres humanos e, ao mesmo tempo, tem um impacto muito menor no ambiente do que a utilização de combustíveis fósseis. Embora a utilização da energia eólica pelo homem em coisas como moinhos de vento ou a criação de movimento em navios pela pressão exercida nas velas remonte a milhares de anos, as suas aplicações actuais fazem da energia eólica a fonte de energia mais rápida do mundo. Existem certos princípios e regras para a construção em zonas urbanas e rurais. Estes elementos determinam a forma como as estruturas devem ser construídas em cada região e o número de pisos que podem ser construídos. Alguns desses princípios e regras estão relacionados com a beleza e a uniformidade do espaço urbano. De facto, o cumprimento destes pontos irá coordenar a construção e criar um aspeto limpo, ordenado e bonito para a cidade. Outra vantagem de seguir estas regras é a segurança dos edifícios e das estruturas urbanas em geral. A arquitetura urbana deve ser tal que, para além da beleza, permita a passagem de veículos de emergência em caso de acidente. A própria estrutura deve ter estabilidade e segurança suficientes. Quando as pessoas se refugiavam nas suas casas para fugir ao sol e ao calor constante da cidade, o simples facto de se sentarem à sombra ou de refrescarem a cabeça e a cara com água não era suficiente para escapar ao calor. Foi por isso que se refugiaram na sua inteligência e começaram a construir um dispositivo chamado "corta-vento", que continua a ser popular ao longo dos anos e se tornou um símbolo da arquitetura de clima quente e seco. Um corta-vento é uma estrutura alta com aberturas no topo que foram construídas em algumas partes da casa para trazer o vento para dentro da casa. A função dos deflectores de vento é dirigir o ar exterior para o interior do edifício e arrefecer e criar ar fresco no mesmo. Para além da principal utilização dos deflectores de vento, que consistia em manter a água dos reservatórios fria, para o ar condicionado, também foram fabricados para casas de habitação, mesquitas e outros edifícios. A presença de quebra-ventos de diferentes tamanhos e formas no Irão deve-se à diversidade do clima do país, especialmente nas regiões desérticas e meridionais. Além disso, cada arquiteto teve em conta a sua beleza ao construir um quebra-vento. Para compreender a relação entre um reservatório e um quebra-vento, comece por ler uma breve definição de bacia hidrográfica: um reservatório é um lago subterrâneo ou uma piscina interior que se enche de água. Costumava-se enchê-lo nos dias de falta de água, durante o cerco do inimigo e para utilizar água fresca no verão nas cidades e aldeias. Os reservatórios são geralmente constituídos por três partes: Khazineh, Pashir e Badghir. O "Tesouro ou forno" é o local de armazenamento de água sobre o qual foi construída a cobertura da cúpula. O "Pashir" ou pé da torneira era também designado por um local na extremidade do reservatório onde se encontrava a torneira. Para que o ar fresco pudesse fluir e para que a água do reservatório se mantivesse fresca e não fervesse, foram construídas aberturas de ventilação no reservatório de água, cujo número variava entre um e seis. No passado, a conceção e a construção de turbinas eólicas eram feitas a título experimental por arquitectos locais e o seu método era transmitido às gerações seguintes da mesma forma. Só um arquiteto experiente podia determinar com precisão a localização do deflector de vento, a altura da coluna, a sua adequação ao espaço a arrefecer, a direção das pás e o seu número. Se fosse cometido um erro na sua conceção e construção, em vez de ar fresco, entraria ar quente e sujidade no interior. Antigamente, os arquitectos usavam longas escadas para subir aos telhados dos edifícios para encontrar um espaço adequado para os deflectores de vento e determinar a direção do vento e a altura do deflector de vento usando a sensibilidade dos seus ouvidos. Se agora a construção do deflector de vento é feita de acordo com os princípios da mecânica dos fluidos, da transferência de calor e da termodinâmica. De acordo com a função do deflector de vento, ou seja, arrefecer o espaço do edifício nos dias quentes do ano, este deveria ter sido construído na parte de verão da casa. É claro que, em diferentes períodos históricos e estilos arquitectónicos, a localização do Badgir também variava. Por exemplo, nos períodos Ilkhani e Timurid, as casas tinham um grande alpendre com uma altura quase igual ao dobro da sua abertura. Nalgumas casas, não existia sala de tiragem e a tiragem era construída diretamente por cima da cabeça do alpendre e, por vezes, por cima dos corredores laterais do alpendre. Quando o vento sopra, o ar entra na sua coluna através das aberturas dos deflectores de vento. No meio desta coluna há uma parede de retenção fina que reduz a pressão do ar para que saia menos vento das outras aberturas. Depois, o ar que entra é transportado para o interior do edifício através da conduta de vento que conduz ao teto da sala ou do corredor. Muitas vezes, para esta conduta, eram feitas válvulas de madeira para as fechar quando não havia necessidade de um quebra-vento, como durante os dias frios do ano, para evitar a entrada de ar frio no edifício e a entrada de insectos e pequenas aves. Antigamente, para arrefecer o ar que entrava no edifício através do ventilador, utilizavam-se métodos interessantes, por exemplo, existe um ventilador na cidade de Bam, que foi construído a 50 metros do edifício, e a sua ligação é um canal subterrâneo que passa por baixo de um jardim. cruzes. Desta forma, depois de regar o jardim, as paredes do canal recebem esta humidade e o vento transferido para o caminho do edifício torna-se mais fresco. Por vezes, colocavam-se esteiras ou arbustos de espinhos na abertura do deflector de vento e deitava-se água sobre ela. Desta forma, o ar que entrava era mais fresco e mais húmido. Muitas vezes, as pessoas colocavam a comida debaixo do para-brisas para que ficasse fresca e se estragasse mais tarde. Não só o ar fresco entrava no edifício através das aberturas de entrada de ar, como também o pó, os insectos e, por vezes, pequenas aves entravam na casa. Além disso, o ar que era direcionado para o interior através dos deflectores de vento era quase igual ao do ambiente exterior, e uma parte dele também saía por outras aberturas e era desperdiçado. Não foi armazenada muita energia fria na massa do edifício. Além disso, a eficácia do deflector de vento não era muito favorável em áreas com baixa velocidade do vento, e uma pequena quantidade de ar era dirigida para o edifício através do deflector de vento apenas nas primeiras horas da noite. Os quebra-ventos iraquianos são criados como uma cavidade de ar na parede ou tijolos de barro grossos no telhado da sala de estar de verão. O deflector de vento tem uma superfície inclinada (ângulo de 45 graus em relação à superfície do telhado). As colunas verticais embutidas nestas paredes são a via de comunicação entre a abertura de ventilação e o subsolo, que finalmente chega aos nichos na parede da cave. Ao contrário de outros deflectores de vento, a coluna deste tipo de deflector de vento não é construída no telhado, mas começa no chão do telhado. Normalmente, o local onde o deflector de vento é criado é a borda do parapeito do telhado e a sua altura é de 2 metros. Os edifícios e o seu impacto no clima urbano do futuro As cidades são particularmente vulneráveis aos efeitos das alterações climáticas. Os arquitectos desempenham, por isso, um papel fundamental no apoio a acções sustentáveis e à responsabilidade ambiental, encontrando soluções de construção e planeamento urbano que permitam ultrapassar o aquecimento global e as alterações climáticas. Os edifícios modernos devem ser ecologicamente sensíveis e ter efeitos positivos mensuráveis no clima microurbano, sendo simultaneamente rentáveis. O consumo indiscriminado e crescente de combustíveis fósseis como fontes limitadas de energia e o seu efeito destrutivo no ambiente chamaram a atenção de todos para a utilização de energias renováveis e, entre elas, a utilização de energia eólica renovável para produzir energia limpa e barata. O preço é uma das opções comuns em todo o mundo, mas devido à crescente concentração da população e da atividade económica nas cidades contemporâneas e ao aumento dos edifícios altos em resposta a este problema, tem causado danos irreparáveis ao ambiente circundante. A fim de preservar os recursos naturais concedidos por Deus, reduzir a poluição ambiental e reduzir o consumo de energia, a utilização de turbinas eólicas para extrair a energia eólica e convertê-la em energia mecânica e eléctrica desempenha um papel essencial na consecução dos objectivos de desenvolvimento sustentável no sector da habitação. As energias renováveis (como a energia solar) podem ser fornecidas através da conceção de espaços arquitectónicos e urbanos compatíveis com o clima e o ecossistema da região e tendo em conta as características arquitectónicas do edifício, como a sua forma, dimensões e orientação. As crises ambientais levaram os especialistas a desenvolver soluções para a utilização de energias renováveis. Isto exige que os arquitectos aumentem os seus esforços na adaptação das soluções às condições climáticas das diferentes regiões. Uma das categorias de influência mais importantes na arquitetura dos edifícios é o vento. De um modo geral, as condições climáticas na arquitetura requerem estudos e investigações exaustivos, que dia após dia, com o avanço da tecnologia, abrem novas janelas neste campo. O vento é considerado uma fonte de energia importante em muitas questões de planeamento urbano e construção, tendo sido apresentadas teorias para a sua utilização optimizada e para a prevenção dos seus possíveis danos. É possível que já se tenha deparado com o título quebra-ventos em estruturas de edifícios. Este problema mostra que as pessoas deram importância ao efeito do vento na conceção do edifício e, para além de utilizarem a energia eólica, também fizeram coisas para evitar os seus possíveis perigos. Um novo sistema de produção de energia pode aproveitar simultaneamente a energia solar e a energia eólica. Este sistema consiste em painéis solares avançados e turbinas eólicas. Desde que a poluição atmosférica e as partículas poluentes chegaram às grandes cidades, o fenómeno do vento foi sempre considerado um fenómeno importante e, em alguns casos, o milagre da criação de ar puro no inverno. Hoje em dia, a densidade populacional das grandes cidades e, consequentemente, a atividade de mais indústrias e meios de transporte tornaram-se a causa do aparecimento de vários poluentes no ar destas cidades. Se a atmosfera estiver calma e sem vento, os danos causados pela acumulação de poluentes aumentarão significativamente e afectarão os países. Este ano, com o início da estação fria e a intensificação da poluição nas grandes cidades do país, o estado do índice de poluição atmosférica durante muitos dias foi colocado num estado insalubre; como é sabido, durante este mês, a capital não teve sequer um dia limpo e saudável e as pessoas passaram o primeiro mês de inverno com poluição e fumo, o que, naturalmente, é a primeira vez. Não é e parece que também não será a última vez. Vários factores desempenham um papel na produção desta quantidade de poluição, que já foram referidos muitas vezes, mas o que será analisado no resto deste relatório não são os factores de produção, mas sim os factores de acumulação destes poluentes e a sua estabilidade na atmosfera. De acordo com estudos científicos realizados no mundo e no Irão. Um dos factores que provoca a estagnação do ar e, consequentemente, a acumulação de partículas poluentes na atmosfera das grandes cidades, é o fenómeno da construção de arranha-céus. De acordo com a investigação levada a cabo pelo Instituto Internacional de Ecologia e Ciências Ambientais relativamente aos efeitos e efeitos da construção de arranha-céus nas cidades densas do mundo, os edifícios altos provocam um aumento da poluição atmosférica nas grandes áreas urbanas devido às alterações do vento e da sua direção. O vento em Teerão é superficial, a sua energia e intensidade são reduzidas devido à colisão com edifícios altos. Finalmente, quando o fluxo de vento se instala, os poluentes produzidos por várias fontes não se deslocam e, com a ocorrência do fenómeno de inversão de temperatura, ficam retidos no ar de superfície da cidade e, com a intensificação das actividades durante o dia, aumentam a sua concentração. Além disso, com o aumento da população e o aumento de carros e atividades na cidade, a quantidade de poluentes no ar aumenta a cada ano; Portanto, o corredor de entrada do fluxo de vento para a cidade deve ser aberto para que haja uma possibilidade de fluxo de ar. Hoje em dia, as crises políticas e económicas e questões como a limitação da durabilidade das reservas fósseis, as preocupações ambientais, o congestionamento da população, o crescimento económico e a taxa de consumo são temas do mundo que, com todo o seu alcance, levam os pensadores a encontrar soluções adequadas para resolver os problemas. A energia no mundo, especialmente as crises ambientais, tem estado ocupada. O Irão, como país em desenvolvimento com recursos ricos em energia renovável e também com uma utilização crescente de recursos energéticos não renováveis, tem uma necessidade urgente de otimizar o consumo de energia. O acesso dos países em desenvolvimento a todos os tipos de novas fontes de energia é de importância fundamental para o seu desenvolvimento económico, e novas investigações mostraram que existe uma relação direta entre o nível de desenvolvimento de um país e o seu consumo de energia. Devido às reservas limitadas de energia fóssil e ao aumento do nível de consumo de energia no mundo atual, já não é possível confiar nas fontes de energia existentes. Felizmente, a maioria dos países do mundo está consciente da importância e do papel das diferentes fontes de energia, especialmente das energias renováveis (novas), na satisfação das necessidades actuais. Eles têm consciência do futuro e, amplamente, no desenvolvimento da exploração destes recursos minerais, fazem uma investigação extensiva e investimentos fundamentais. De acordo com estas tendências básicas e crescentes no campo da utilização de energias renováveis e tecnologias relacionadas nos países industrializados e em desenvolvimento no Irão, é necessário desenvolver estratégias e programas fundamentais e fundamentais. Atualmente, com a redução do consumo de combustíveis fósseis no mundo, a utilização de energias novas e renováveis ganhou um papel de destaque na carteira energética mundial. Os recursos limitados de energia fóssil e os problemas causados pelas emissões de gases com efeito de estufa tornaram claro e necessário que todos prestem mais atenção às energias renováveis. Atualmente, os recursos fósseis estão a esgotar-se rapidamente e, com a crescente preocupação com a poluição atmosférica e o aquecimento global, os especialistas estão a pensar na utilização de fontes de energia mais limpas e amigas do ambiente. Entre estas, a energia eólica e a energia solar são dois tipos de grandes fontes de energia renováveis. Entre as estruturas mais comuns para a exploração destas energias, podemos mencionar a combinação de turbinas eólicas e sistemas fotovoltaicos, mas, infelizmente, estas fontes renováveis têm rendimentos completamente variáveis. Atualmente, o aquecimento crescente do ar terrestre devido aos efeitos negativos dos gases com efeito de estufa é uma das questões importantes e significativas. A utilização de combustíveis fósseis para fornecer o combustível necessário às centrais eléctricas, para além do seu rápido esgotamento, provoca um aumento da poluição ambiental. A redução dos combustíveis fósseis fez com que a utilização de energias renováveis, como o vento, o sol, a energia geotérmica, etc., como recursos limpos, inesgotáveis, ilimitados e amigos do ambiente, estivesse na ordem do dia. A vantagem das energias renováveis é o facto de serem substituíveis, estarem disponíveis em todo o lado e serem essencialmente não poluentes. Entre as desvantagens desta energia, podemos referir a sua baixa densidade e diversidade, o que leva a um custo inicial elevado devido à necessidade de ocupar terrenos e armazenar ou fazer backup de energia. O aumento da utilização de energias renováveis provoca o crescimento económico, criando oportunidades de emprego, aumentando a segurança nacional, protegendo os consumidores contra a subida dos preços, suprindo o défice relacionado com o mercado mundial de combustíveis, e reduzindo significativamente os poluentes que provocam o aquecimento global e o efeito de estufa. Por conseguinte, a questão que os decisores políticos do mercado da eletricidade enfrentam é a forma como as energias renováveis devem entrar no mercado da eletricidade, para que estas energias desempenhem bem o seu papel no mercado futuro. As características mencionadas das energias renováveis levaram à sua utilização em grande escala atualmente. Entre as energias renováveis, a energia eólica e a energia solar são consideradas as mais disponíveis. Mas um dos seus problemas é a sua dependência das condições ambientais e climatéricas. A combinação de duas fontes de energia pode ultrapassar os pontos fracos de cada uma delas. Atualmente, o sistema de produção combinada de energia tornou-se uma das soluções mais promissoras para satisfazer as necessidades de eletricidade de diferentes regiões. Uma das necessidades mais básicas do sistema combinado é assegurar a continuidade da alimentação com armazenamento adicional de energia proveniente de fontes de energia renováveis. Um sistema de energia híbrido baseado nessas tecnologias alternativas que funcionam em paralelo com as fontes renováveis pode ser uma solução adequada para pequenas produções. O sistema de energia combinada consiste na combinação de duas ou mais fontes de energia. A combinação de duas fontes de energia provou que a produção de energia pode ser mais eficiente se for combinada. A utilização de centrais eléctricas de ciclo combinado está normalmente na ordem do dia em áreas remotas. Atualmente, a utilização de energias combinadas é considerada um problema comum no mundo devido ao aumento do preço dos combustíveis fósseis. Normalmente, pode haver várias combinações de duas ou mais fontes de energia, mas a mais importante delas é a combinação de duas ou mais energias renováveis, que incluem a energia solar. E chama-se Buddy. Normalmente, a energia combinada é utilizada para produzir eletricidade para fins domésticos e também em fábricas. A utilização de energia combinada é um método que tem recebido atenção nos últimos anos. As centrais de energia combinada provaram ser úteis para reduzir os defeitos e desvantagens dos combustíveis fósseis e podem fornecer a energia necessária em áreas remotas sem prejudicar o ambiente. Por conseguinte, a construção de centrais de energia eólica solar pode ser uma boa ideia. A utilização da energia eólica também atraiu a atenção dos seres humanos no passado. Hoje em dia, devido aos progressos realizados no domínio das turbinas eólicas e em resultado da redução do custo da produção de eletricidade, da poupança na utilização de recursos fósseis e das atitudes ambientais em comparação com outras formas de energia nova, etc., a utilização da energia eólica, como resultado da redução do custo da produção de eletricidade, da poupança na utilização de recursos fósseis e das atitudes ambientais em comparação com outras formas de energia nova, etc., é uma boa ideia. A utilização da energia eólica, como uma das fontes renováveis mais adequadas para a produção de eletricidade no mundo. No Irão, devido às zonas propensas ao vento e à sua localização no trajeto das grandes correntes de ar, para além da produção de eletricidade a partir da energia eólica e da sua injeção na rede nacional do país, é possível criar postos de trabalho para a população. A invenção da ideia de energia no final do século XIX foi a fonte de uma enorme transformação no mundo da ciência e da tecnologia; de modo que o seu impacto sobre o ambiente tem sido revelado dia após dia. A fonte de produção de energia mais importante para o ser humano sempre foi o sol, cujo efeito surpreendente na vida dos seres vivos é evidente desde há muito tempo. Mas o acesso do homem aos combustíveis fósseis aumentou muito a sua capacidade e poder no último século e alterou profundamente as suas condições de vida. A combinação dos combustíveis fósseis com o ar que rodeia a terra habitada dotou o homem de poderes que rapidamente se transformaram num monstro da tecnologia. As velocidades aumentaram e muitas coisas indescritíveis tornaram-se possíveis. Ao mesmo tempo, trouxe grandes problemas devido ao papel essencial do ar na vida dos seres vivos e, incluindo os seres humanos, a alteração da composição química do ar devido ao consumo excessivo de oxigénio, o aumento dos produtos gasosos dos combustíveis fósseis e a entrada de gases com efeito de estufa, como o cloro, na atmosfera afectaram gravemente a vida dos organismos vivos e puseram em perigo a saúde e a felicidade humanas. A vida humana atual é altamente dependente das fontes de combustível e de energia, tanto em termos da sua forte necessidade de energia armazenada barata e utilizável como para a realização de reacções químicas e a produção de metais. Uma das aplicações mais eficazes dos computadores no sector do petróleo, do gás e da petroquímica é a simulação de unidades de produção através de software especial. Este domínio tem crescido significativamente nos últimos anos devido à atmosfera competitiva dos mercados globais e devido aos movimentos que se observam no domínio do aumento da eficiência da produção, da melhor utilização dos recursos e da redução dos custos, mas muitos dos benefícios deste trabalho ainda não são conhecidos. A utilização de fontes de energia fósseis e nucleares implica um custo elevado e um aumento da poluição ambiental e dos efeitos nocivos por ela causados. Por isso, com a ocorrência da crise energética no mundo e por outro lado, o avanço da tecnologia de conversão da energia eólica em energia eléctrica que devido à sua redução de preço, a utilização da energia eólica tornou-se inevitável. Atualmente, com o avanço dos microcomputadores e da tecnologia de semicondutores de potência, é possível utilizar um sistema de controlo moderno e, consequentemente, produzir energia eléctrica de alta qualidade a partir da energia eólica. A experiência de instalação e funcionamento de centrais eólicas em países industrializados demonstrou que o custo destes sistemas é comparável ao custo dos métodos tradicionais e comuns de produção de energia eléctrica. Fornecer energia eléctrica para cargas de rede de alta qualidade e produzir energia eléctrica intermitente é o principal objetivo de um sistema de energia. É necessário melhorar a qualidade da energia eléctrica. Devido à natureza das alterações da velocidade do vento em diferentes momentos, é importante criar condições de controlo para os sistemas de energia, incluindo conversores de energia eólica para energia eléctrica. Os diferentes componentes de um sistema de energia eólica incluem: turbina eólica, gerador, controlador do ângulo de inclinação das pás e sistema de excitação. Cada um destes componentes tem diferentes tipos e é fabricado em diferentes modelos com base nos requisitos. O vento é gratuito. Os seres humanos compreenderam-no bem desde a antiguidade e construíram moinhos de vento para tirar água dos poços e moer cereais para fazer farinha. Hoje em dia, outros moinhos de vento estão obsoletos e foram substituídos por geradores eólicos que produzem eletricidade. Os melhores locais para instalar geradores eólicos são as costas marítimas e as colinas. Nestes locais, o vento sopra mais forte e mais regularmente do que noutros locais. A energia eólica é um dos antigos tipos de energia que existe desde o início da Terra e tem sido utilizada com o desenvolvimento das sociedades humanas. Os mais antigos conversores eólicos do Médio Oriente eram utilizados para ventilar as casas e ainda são usados em algumas cidades desérticas do Irão, como Yazd, chamadas Badgir. As primeiras turbinas eólicas ou conversores de energia eólica em energia cinética surgiram no Irão e, um pouco mais tarde, na época de Hamurabi, rei da Babilónia, foram também difundidas no Iraque. Os protótipos destas turbinas utilizavam um eixo vertical e tinham 4 pás. Na Europa, os aerogeradores são sobretudo utilizados para produzir eletricidade "limpa" que é injectada nas redes nacionais. A instalação de aerogeradores em terra provoca por vezes protestos (proteção das aves e do ambiente). Para evitar estes problemas, é preferível efetuar os estudos necessários antes de instalar os geradores eólicos. As centrais eólicas em todo o mundo estão a desenvolver-se rapidamente. estão a expandir-se de tal forma que a energia eólica, entre outras fontes e opções energéticas, recebeu o título de indústria de crescimento mais rápido. Nas sociedades humanas, o desenvolvimento é possível através da utilização de mais energia e, desta forma, os seres humanos têm as características físicas, químicas, biológicas, sociais e tradicionais do ambiente. A ciência regional e ambiental desempenha um papel importante na obtenção de informações sobre a eficácia dos diferentes tipos de energia utilizados na saúde do ambiente e dos organismos vivos, estabelecendo regulamentos e normas ambientais para reduzir os efeitos nocivos, bem como a utilização de tecnologia adequada para o controlo. poluição e, o melhor de tudo, substituir a energia por energias renováveis e limpas em vez de energias poluentes e não renováveis, talvez um futuro limpo possa ser trazido aos seres humanos. E a poluição do ar e... A combustão de combustíveis fósseis provoca a entrada no ar de uma enorme quantidade de enxofre, azoto, monóxido de carbono e dióxido de carbono. A quantidade de emissão dos poluentes acima referidos depende do tipo de combustível e também dos mecanismos utilizados no controlo da poluição. A poluição atmosférica pode apresentar-se sob a forma de smog, chuva ácida e partículas em suspensão. As reacções dos hidrocarbonetos e dos óxidos de azoto na presença de radiações ultravioletas produzem compostos tóxicos que acabam por pôr em perigo a saúde e a vida do homem, dos animais e do ecossistema em geral. E o aumento da taxa a longo prazo conduzirá a um aumento da temperatura global, à fusão dos gelos polares, à subida do nível das águas e à submersão das zonas costeiras. Como foi dito, nas últimas décadas, juntamente com a industrialização das sociedades, os rápidos avanços tecnológicos devido ao uso excessivo de fontes de energia não renováveis (combustíveis fósseis), a humanidade pensou em obter fontes de energia melhores e mais desejáveis. Nesta secção, abordamos a energia renovável eólica. O mercado da energia é um mercado competitivo em que a produção de eletricidade em centrais eólicas, em comparação com as centrais de combustíveis fósseis, tem apresentado novas vantagens para os utilizadores. Uma das vantagens da central eólica é o facto de, durante a sua vida útil, produzir durante muitos anos sem necessitar de custos de combustível. Enquanto o custo de outras fontes de produção de energia aumentará durante esses anos. As actividades extensivas de muitos países do mundo para produzir eletricidade a partir da energia eólica são um exemplo para outros países que têm um longo caminho a percorrer neste domínio. Muitas das regiões económicas em crescimento estão localizadas na região asiática. E o crescimento da economia dos países asiáticos, incluindo o Irão, fez com que estes países sentissem mais do que nunca a necessidade de produzir eletricidade e de começar a produzir eletricidade a partir de fontes não fósseis. Além disso, a inexistência de uma rede eléctrica nacional em muitas zonas rurais também tem contribuído para a aprovação dos sistemas de produção de energia. Assim, no que diz respeito à perspetiva económica futura da utilização da energia eólica no Irão, deve dizer-se que a utilização desta energia permite poupar produtos petrolíferos como combustível. Esta poupança traduziu-se, em primeiro lugar, na preservação dos produtos petrolíferos, o que permite a sua exportação e, mais importante, a sua conversão em muitos derivados petroquímicos de elevado valor acrescentado. Em segundo lugar, a produção de eletricidade a partir desta energia é isenta de qualquer poluição ambiental, o que ajuda a preservar a natureza saudável do ambiente humano e, consequentemente, é fornecido o caminho para alcançar um desenvolvimento económico e social sustentável. A expansão das centrais eólicas revela um aumento significativo, a fim de reduzir o custo da eletricidade produzida. A exploração da energia eólica na produção de eletricidade, especialmente em capacidades multi-megawatt, é o único método económico de produção em comparação com outros métodos de produção, baseados em energias renováveis (solar, biomassa, geotérmica, ondas e células estruturais). Note-se que o aumento da quota das energias renováveis na produção de energia eléctrica é uma das políticas estratégicas a médio e longo prazo de muitos países do mundo. A expansão das centrais eólicas em muitos países requer apoio governamental direto e indireto. No Irão, a razão para tal é que se pode constatar que, tendo em conta os custos privados das centrais eólicas e fósseis, o desenvolvimento de centrais eólicas para a produção de eletricidade não é completamente económico e está a tornar-se económico, mas se os custos sociais das centrais fósseis, que incluem efeitos negativos, forem tidos em conta, o custo de produção dos geradores eólicos será inferior ao dos fósseis e a eletricidade resultante poderá ser utilizada como uma energia sustentável no desenvolvimento económico-social sustentável do país. A utilização da energia eólica no Irão, para além da construção e do assentamento, criou novos postos de trabalho e, finalmente, com a localização da tecnologia da energia eólica, a economia do país crescerá mais. que a oferta e a procura de energia no mundo se tornaram uma das questões mais importantes da atualidade. Devido ao facto de as energias fósseis, como o petróleo, o gás e o carvão, terem muitas questões e problemas. Por conseguinte, a roda da civilização humana, que está diretamente dependente da energia, irá enfrentar um problema. Isto fez com que os países industrializados desenvolvidos actuassem o mais seriamente possível para utilizar a energia disponível na natureza. Considerando que cientistas e pesquisadores relatam a escassez de combustíveis fósseis no início do século XXI e que as reservas de petróleo não permanecerão por várias décadas, antes que a crise energética chegue, é necessário que os pesquisadores investiguem e pesquisem o uso de combustíveis fósseis. energias imperecíveis ou renováveis, como o vento. A dependência dos sistemas energéticos de combustíveis fósseis, como as centrais térmicas, de matérias-primas geradoras de energia, como o petróleo ou o gás natural, é muito clara. Nos próximos anos, estas reservas irão acabar ou a sua extração será antieconómica com os métodos actuais. Finalmente, a questão do desenvolvimento sustentável como eixo básico das actividades económicas também pode ser analisada cuidadosamente neste contexto. Por desenvolvimento sustentável entende-se a utilização dos recursos naturais, incluindo a energia, de forma a que seja possível utilizá-los para as gerações futuras. A exploração da energia eólica na produção de eletricidade, especialmente em capacidades de vários megawatts, é o único método de produção económico em comparação com outros métodos de produção baseados em energias renováveis (solar, biomassa, geotérmica, ondas e células estruturais). Note-se que o aumento da quota das energias renováveis na produção de energia eléctrica é uma das políticas estratégicas a médio e longo prazo de muitos países do mundo. A expansão das centrais eólicas em muitos países requer apoio governamental direto e indireto. No Irão, a razão para tal é que se pode constatar que, tendo em conta os custos privados das centrais eólicas e fósseis, o desenvolvimento de centrais eólicas para a produção de eletricidade não é completamente económico e está a tornar-se económico, mas se os custos sociais das centrais fósseis, que incluem efeitos negativos, forem tidos em conta, o custo de produção dos geradores eólicos será inferior ao dos fósseis e a eletricidade resultante poderá ser utilizada como uma energia sustentável no desenvolvimento económico-social sustentável do país. A utilização da energia eólica no Irão, para além da construção e do assentamento, criou novos postos de trabalho e, finalmente, com a localização da tecnologia da energia eólica, a economia do país crescerá mais. que a oferta e a procura de energia no mundo se tornaram uma das questões mais importantes da atualidade. Devido ao facto de as energias fósseis, como o petróleo, o gás e o carvão, terem muitas questões e problemas. Por conseguinte, a roda da civilização humana, que está diretamente dependente da energia, irá enfrentar um problema. Isto fez com que os países industrializados desenvolvidos actuassem o mais seriamente possível para utilizar a energia disponível na natureza. Considerando que cientistas e pesquisadores relatam a escassez de combustíveis fósseis no início do século XXI e que as reservas de petróleo não permanecerão por várias décadas, antes que a crise energética chegue, é necessário que os pesquisadores investiguem e pesquisem o uso de combustíveis fósseis. energias imperecíveis ou renováveis, como o vento. A dependência dos sistemas energéticos de combustíveis fósseis, como as centrais térmicas, de matérias-primas geradoras de energia, como o petróleo ou o gás natural, é muito clara. Nos próximos anos, estas reservas irão acabar ou a sua extração será antieconómica com os métodos actuais. Finalmente, a questão do desenvolvimento sustentável como eixo básico das actividades económicas também pode ser analisada cuidadosamente neste contexto. Por desenvolvimento sustentável entende-se a utilização dos recursos naturais, incluindo a energia, de forma a que seja possível utilizá-los para as gerações futuras. A produção dispersa refere-se geralmente a unidades de produção que estão fora do comando de despacho e recebem dinheiro para a produção de energia. Normalmente, têm capacidades reduzidas, mas não é necessariamente esse o caso. Diferentes tecnologias, como células solares, turbinas eólicas, células de combustível, pequenas turbinas a gás, etc., são utilizadas em unidades de produção dispersas, mas as renováveis não são a sua essência. Em termos de fiabilidade, a possibilidade de funcionamento correto, desejável e de acordo com determinados critérios de um elemento ou de um sistema em condições de funcionamento e num determinado período de tempo. Por outras palavras, a fiabilidade define-se em dois termos: suficiência e segurança, sendo que a suficiência é a medida da capacidade do sistema para responder à carga e a segurança é a capacidade do sistema para lidar com os incidentes. Na visão tradicional, a suficiência é uma verificação possível da capacidade de produzir e a segurança é uma lista definitiva de incidentes incompatíveis que são considerados critérios de projeto. No ambiente reestruturado, deve existir uma produção adequada, tendo em conta a taxa de produção das unidades e a capacidade de reserva para atender a carga, mas a adequação não pode considerar a questão de que uma determinada produção é atribuída a uma determinada carga. No entanto, no que diz respeito à produção, não há nenhum problema particular. E o principal problema está relacionado com o sistema de transmissão. Desde a antiguidade, o fornecimento de energia tem sido uma questão muito importante para as sociedades humanas. Na era atual, devido aos avanços industriais e tecnológicos que ocupam um lugar muito importante na vida quotidiana das pessoas, a importância do problema manifesta-se de forma mais evidente. Mas as fontes comuns de produção de energia são maioritariamente não renováveis. O custo de construção dos sistemas acima referidos era muito caro no início, mas ao longo do tempo, utilizando métodos de produção adequados e aumentando a eficiência dos sistemas de energia solar e reduzindo os custos de produção e aumentando o preço dos combustíveis fósseis, estes sistemas conseguiram abrir cada vez mais o seu lugar entre outras formas de fornecimento de energia no mundo e hoje são amplamente utilizados nos países da Europa Ocidental, América Latina e nos desertos do continente africano e da Ásia (Médio Oriente) e outros desertos do mundo. Nos últimos anos, a utilização de fontes de energia renováveis, especialmente a energia eólica, para produzir eletricidade tem crescido muito em todo o mundo. O facto de serem limpas e não terem problemas ambientais, de serem baratas e de não haver preocupações com o fim destes recursos energéticos são as razões para este facto. Por outro lado, a potência de produção destas centrais varia ao longo do tempo devido à dependência de recursos renováveis, pelo que não se pode esperar uma potência constante destas centrais. A título de exemplo, a potência de produção das centrais eólicas depende da velocidade do vento e, à medida que a velocidade do vento se altera, a potência de produção também se altera. Isto afecta vários aspectos do sistema de energia, incluindo a fiabilidade destas centrais. Com base nisto, é necessário realizar um estudo mais detalhado sobre a fiabilidade dos actuais sistemas de energia que produzem uma percentagem significativa de energia a partir de centrais eólicas. Nesta investigação, obtém-se a potência de saída das unidades eólicas através de dados horários da velocidade do vento e da curva de potência das turbinas das centrais eólicas. Uma vez que a velocidade do vento tem uma grande variedade, o modelo obtido terá um grande número de estados, o que não é adequado para a realização de estudos de fiabilidade. Com base nisto, é necessário determinar o número de modos óptimos e a potência destes modos com a ajuda de uma técnica adequada, e determinar um modelo de fiabilidade multimodo adequado para centrais eólicas. Devido à falta de recursos de água doce, é muito importante descobrir novas formas de produzir água. Um dos novos métodos de produção de água doce em baixas capacidades é a utilização da humidade do ar, conhecida como sistema de produção de água de condensação. Neste método, o fluxo de ar quente e húmido é dirigido para os tubos enterrados no solo, o ar ao longo do tubo é gradualmente arrefecido devido à transferência de calor com o solo, e a uma temperatura inferior ao ponto de orvalho, o vapor nele contido, sob a forma de gotículas de água, aparece na superfície do tubo. A água é a fonte da vida e a fonte da vida. Uma das formas de desenvolver os países é a utilização óptima dos recursos naturais dados por Deus. Um dos recursos mais importantes e vitais que desempenha um grande papel na vida quotidiana das pessoas, dos países e na continuidade da produção são os recursos hídricos. A água é uma substância vital que não está disponível de forma uniforme na superfície da terra e muitas partes da terra enfrentam escassez de água. A água é importante tanto do ponto de vista económico como do ponto de vista da saúde, uma vez que faz girar a roda da indústria e impulsiona as actividades agrícolas. Além disso, a água saudável garante a saúde humana. Nas últimas duas décadas, especialmente nos últimos anos do século XX, a água tem estado no centro das discussões e negociações internacionais. Os fenómenos causados pela forma como os recursos hídricos são explorados e geridos atingiram os mais altos níveis de decisão a nível nacional, regional e internacional. Os países em desenvolvimento representam uma grande parte da população mundial. No final do século XX, a escassez de água tornou-se uma das questões mais importantes nestes países. Devido às condições climáticas, uma grande parte da sua área sofre naturalmente de falta de precipitação. Muitos dos problemas de saúde nos países em desenvolvimento devem-se à falta de água potável. Sem o fornecimento de água potável, a saúde e o bem-estar da sociedade estarão em perigo. Tendo em conta o crescimento cada vez maior da população mundial e a estabilidade dos recursos hídricos, pode concluir-se que o problema da escassez de água se tornará um grande problema no futuro. Consequentemente, devem ser adoptadas soluções novas e fiáveis para manter os recursos hídricos disponíveis, bem como para produzir e purificar água doce. Atualmente, a produção de energia eléctrica no mundo depende fortemente do carvão, do petróleo e do gás natural. Os combustíveis fósseis não são renováveis, baseiam-se em recursos limitados que se esgotam gradualmente. Em contrapartida, as energias renováveis, como a energia eólica e solar, são continuamente substituídas e nunca acabam. A maior parte das energias renováveis provém direta ou indiretamente do sol. A luz solar ou a energia solar pode ser utilizada para aquecer e iluminar casas e outros edifícios, para gerar eletricidade, para aquecer água e aquecedores. A energia solar é utilizada diretamente em todos os tipos de aplicações económicas e industriais. Além disso, o calor agradável faz com que o vento sopre; a mesma energia que é aproveitada pelas turbinas eólicas; depois, os ventos e o calor do sol fazem com que a água se evapore. Quando este vapor de água se transforma em chuva ou neve e é encaminhado das encostas para os rios e cursos de água, a sua energia pode ser captada e a sua energia hidroelétrica pode ser utilizada. Juntamente com a chuva e a neve, a luz solar faz com que as plantas cresçam, o material que as constitui é conhecido como massa viva ou biomassa.

A biomassa pode ser utilizada para produzir eletricidade, combustíveis para transportes ou produtos químicos. A utilização da biomassa para cada um destes fins é designada por energia da biomassa. O hidrogénio também pode ser encontrado em muitos compostos básicos, como a água. O hidrogénio é o elemento mais abundante na Terra, mas não existe como gás natural. O hidrogénio está sempre combinado com outros elementos, tal como está combinado com o oxigénio para formar a água. Quando o hidrogénio é separado dos seus elementos constituintes, pode ser utilizado como combustível. Nem todas as fontes de energia renováveis provêm do sol. A energia geotérmica é a válvula de calor no interior da terra para várias aplicações, incluindo a produção de energia eléctrica e o aquecimento e arrefecimento de edifícios, e a energia das marés provém da influência da lua e do sol sobre a terra. De facto, a energia dos oceanos provém de fontes muito diversas. Para além da energia das marés, a energia das ondas oceânicas é produzida tanto pela energia das marés como pela energia eólica. Além disso, o sol aquece as profundezas do oceano. Aquece a sua superfície, criando uma diferença de temperatura que pode ser utilizada como fonte de energia. Todas as formas de energia oceânica podem ser utilizadas para produzir eletricidade. As tecnologias de energia renovável são mais amigas do ambiente do que as indústrias de energia convencionais que dependem de combustíveis fósseis. Os combustíveis fósseis desempenham um papel significativo em muitos dos problemas ambientais que enfrentamos hoje em dia - gases com efeito de estufa, poluição do ar e poluição da água e do solo - enquanto as energias renováveis têm pouco ou nenhum papel a desempenhar. não têm Os gases com efeito de estufa, dióxido de carbono, metano, óxidos de azoto, hidrocarbonetos e clorofluorocarbonetos, envolvem a atmosfera terrestre como um cobertor quente e transparente, permitem a entrada dos raios quentes do sol e transferem o calor junto à superfície terrestre para a atmosfera. Assim sendo, as tecnologias de energia renovável produzem calor e eletricidade com uma emissão (produção) de dióxido de carbono insignificante ou nula. Além disso, a utilização de energia proveniente de combustíveis fósseis é uma fonte importante de poluição do ar, da água e do solo. Poluentes como o monóxido de carbono, o dióxido de enxofre, o dióxido de azoto, as partículas em suspensão e o chumbo têm um triste impacto no nosso ambiente. Por outras palavras, a maioria das tecnologias de energias renováveis produzem pouca ou nenhuma poluição. Tanto a poluição como o calor da terra levantam a possibilidade inevitável de um grande perigo para a saúde da raça humana. Além disso, os efeitos a longo prazo relacionados com o calor da Terra podem ser mais destrutivos. A mortalidade é possível com tempo muito quente e, quando a temperatura aumenta, as doenças podem ter uma energia oculta mais forte para progredir. Por último, as tecnologias de energias renováveis podem ajudar-nos a alterar os padrões convencionais de consumo de energia para melhorar a qualidade do nosso ambiente. Uma grande parte dos Estados Unidos é obrigada a importar combustíveis fósseis, como o petróleo e o gás natural, para produzir eletricidade, calor e combustível. O custo destes combustíveis fósseis pode ascender a milhões de dólares e, por cada dólar gasto na importação de energia, um dólar é deduzido da economia local. Entretanto, as fontes de energia renováveis são expandidas localmente, o custo gasto em energia não sai do país, cria emprego e fortalece a economia. A fração de tecnologias de energias renováveis exige trabalho árduo. Os postos de trabalho serão criados a curto prazo a partir da construção, conceção, instalação, serviço e venda de produtos de energias renováveis. O emprego também será criado indiretamente a partir de postos de trabalho que alimentam as empresas de energias renováveis com matérias-primas, transportes, equipamento e serviços especializados, como a informática e os serviços administrativos. Consequentemente, os salários e vencimentos do emprego de Haber geram rendimentos adicionais na economia local. No fim de contas, o rendimento das energias renováveis faz crescer algo mais do que a economia local, ou seja, beneficia todo o país. As tecnologias de energia renovável são mais amigas do ambiente do que as indústrias de energia convencionais que dependem de combustíveis fósseis. Os combustíveis fósseis desempenham um papel significativo em muitos dos problemas ambientais que enfrentamos hoje em dia - gases com efeito de estufa, poluição do ar e poluição da água e do solo - enquanto as energias renováveis têm pouco ou nenhum papel nisso. não têm Os gases com efeito de estufa, dióxido de carbono, metano, óxidos de azoto, hidrocarbonetos e clorofluorocarbonetos, envolvem a atmosfera terrestre como um cobertor quente e transparente, permitem que os raios quentes do sol entrem e transferem o calor junto à superfície terrestre para a Terra. Assim sendo, as tecnologias de energias renováveis produzem calor e eletricidade com uma emissão (produção) de dióxido de carbono insignificante ou nula. Além disso, a utilização de energia proveniente de combustíveis fósseis é uma fonte importante de poluição do ar, da água e do solo. Poluentes como o monóxido de carbono, o dióxido de enxofre, o dióxido de azoto, as partículas em suspensão e o chumbo têm um triste impacto no nosso ambiente. Por outras palavras, a maioria das tecnologias de energias renováveis produzem pouca ou nenhuma poluição. Tanto a poluição como o calor da terra levantam a possibilidade inevitável de um grande perigo para a saúde da raça humana. Para além disso, os efeitos a longo prazo relacionados com o calor da Terra podem ser mais destrutivos. A mortalidade é possível com tempo muito quente e, quando a temperatura aumenta, as doenças podem ter uma energia oculta mais forte para progredir. Por último, as tecnologias de energias renováveis podem ajudar-nos a alterar os padrões convencionais de consumo de energia para melhorar a qualidade do nosso ambiente. Uma grande parte dos Estados Unidos é obrigada a importar combustíveis fósseis, como o petróleo e o gás natural, para produzir eletricidade, calor e combustível. O custo destes combustíveis fósseis pode ascender a milhões de dólares e, por cada dólar gasto na importação de energia, um dólar é deduzido da economia local. Entretanto, as fontes de energia renováveis são expandidas localmente, o custo gasto em energia não sai do país, cria emprego e fortalece a economia. A fração de tecnologias de energias renováveis exige trabalho árduo. Os postos de trabalho serão criados a curto prazo a partir da construção, conceção, instalação, serviço e venda de produtos de energias renováveis. O emprego também será criado indiretamente a partir de postos de trabalho que alimentam as empresas de energias renováveis com matérias-primas, transportes, equipamento e serviços especializados, como a informática e os serviços administrativos. Consequentemente, os salários e vencimentos do emprego de Haber geram rendimentos adicionais na economia local. Afinal, o rendimento das energias renováveis faz crescer algo mais do que essa economia local, ou seja, beneficia todo o país. É de esperar que se veja ou se registe algo nessa área. As alterações climáticas são um fenómeno atmosférico-oceânico complexo à escala global e a longo prazo. Este fenómeno é afetado pelo aumento dos gases com efeito de estufa na atmosfera, o que provocou alterações no clima, na distribuição espacial e temporal da precipitação e no seu tipo (sólida ou líquida), no fluxo das águas superficiais, na evaporação, na recarga das águas subterrâneas e na qualidade da água. Em geral, provocam uma nova tendência no clima global. As alterações climáticas fazem com que algumas zonas se tornem mais húmidas e outras mais secas e aumentam a intensidade e a frequência de fenómenos extremos, como as inundações e as secas. Em geral, a distribuição temporal e espacial da precipitação e os seus padrões alteraram-se e a quantidade de evaporação também aumenta. Sem dúvida, as alterações climáticas são um dos desafios mais importantes do clima atual, que ocorre à escala global e tem efeitos importantes nos países, especialmente no sector dos recursos hídricos. A crescente expansão das actividades industriais devido ao aumento da população mundial, a utilização excessiva de combustíveis fósseis e a alteração do uso do solo provocaram um aumento da emissão de gases com efeito de estufa, especialmente de CO2. O aumento das emissões de gases com efeito de estufa perturba o equilíbrio energético da Terra e provoca o aquecimento global. O fenómeno do aquecimento global e as alterações climáticas dele resultantes têm efeitos significativos em vários sistemas, como os recursos hídricos, a agricultura e o ambiente. Desde que se levantou a questão da possibilidade do aquecimento global, colocou-se a questão de investigar as alterações no ciclo da água entre a terra, o mar e o ar como um fator importante que afecta as questões económicas, sociais e ambientais. As alterações climáticas não só terão efeitos directos no ambiente em geral, como também farão com que os dados e informações recolhidos no passado, que são a base para a conceção de estruturas hídricas e outras estruturas, deixem de ser um indicador fiável para medir o comportamento dos recursos hídricos e a importância da estrutura no futuro. O fenómeno das alterações climáticas e os seus efeitos são conhecidos como um dos desafios mais importantes na gestão dos recursos hídricos e energéticos. Uma grande parte das investigações que se realizaram e se realizam no domínio da água e da energia, desde a última década do século XX, centrou-se na investigação deste fenómeno e dos seus efeitos. A análise dos estudos realizados neste domínio nas últimas décadas mostra que as alterações climáticas tiveram um impacto significativo no estado da precipitação e da temperatura e nos parâmetros por elas afectados, como o escoamento superficial e a humidade do solo. Estas alterações em zonas como o Irão conduzem à limitação dos recursos hídricos disponíveis e ao agravamento das crises de escassez de água. Outra consequência do fenómeno das alterações climáticas e do aumento da temperatura global é a alteração do padrão de queda de neve para chuva, o que provoca uma diminuição dos rios dependentes da fusão da neve na primavera e no verão e um aumento do escoamento no outono e no inverno. Esta questão faz com que a fiabilidade da rega das barragens não corresponda ao que foi considerado na altura da conceção, o que será um dos próximos desafios no planeamento e gestão dos recursos hídricos. Assim, sem considerar os efeitos deste fenómeno, não é possível proceder a um planeamento fiável da gestão dos recursos hídricos no futuro. De facto, no passado, estes planos foram feitos de acordo com o pressuposto de que as condições climáticas futuras terão as mesmas características e variabilidade que as condições passadas. As barragens foram projectadas e construídas com base nos dados disponíveis sobre as correntes nos rios e de acordo com a quantidade e frequência esperadas de secas e cheias. As barragens utilizam as estatísticas hidrológicas do passado para atingir diferentes objectivos e adotar políticas de exploração. No entanto, confiar em estatísticas passadas pode levar à tomada de decisões incorrectas e potencialmente perigosas ou dispendiosas. A dimensão da necessidade de fontes de energia para o homem sempre foi uma das questões básicas importantes na vida humana, e a tentativa de obter uma fonte inesgotável de energia tem sido uma das aspirações de longa data do homem. O vento é uma das diferentes formas de energia térmica solar, que tem um padrão global semi-contínuo. As mudanças na velocidade do vento são horárias, diárias e sazonais e são afectadas pelo clima e pela topografia da superfície terrestre. A maioria das fontes de energia eólica está localizada em zonas costeiras e montanhosas. Tal como outras fontes de energia renováveis, a energia eólica é geograficamente vasta e, ao mesmo tempo, dispersa e descentralizada, estando quase sempre disponível. A energia eólica tem um carácter flutuante e intermitente e não sopra constantemente. Durante milhares de anos, os seres humanos utilizaram apenas uma parte muito pequena desta energia através da utilização de moinhos de vento. A otimização do consumo de energia é uma das tarefas mais essenciais dos edifícios, especialmente nas estações frias do ano. Ao otimizar o consumo de energia, para além da poupança do consumo de energia, os custos também serão reduzidos em grande medida. Otimizar o consumo de energia na reconstrução ou construção de um edifício significa escolher padrões e aplicar e adotar métodos e políticas para a utilização correcta da energia, que A economia nacional também deve ser favorável e garantir a existência e a durabilidade da energia e a continuação da vida e do movimento. Esta utilização correcta e adequada da energia não só garante a continuidade da vida e o desenvolvimento sustentável da sociedade, mas também leva à sobrevivência da energia para todos e para as gerações futuras; Pode também ser um obstáculo à produção e disseminação da poluição ambiental causada pelo consumo incorreto de energia. Devido ao elevado preço e valor da energia e aos recursos limitados, a fim de implementar os princípios do desenvolvimento sustentável, os projectistas e construtores activos na indústria da construção pensaram em construir edifícios que consomem A energia neles deve ser óptima e próxima de zero. Para além dos encargos económicos, existem outros factores que tornam a reconstrução optimizada do edifício uma necessidade. Hoje em dia, a otimização do consumo de energia e também do armazenamento de energia tornou-se uma questão importante não só no Irão, mas em todas as partes do mundo, ao ponto de os responsáveis pela construção em muitos países terem estabelecido leis e regulamentos especiais, obrigando os construtores de edifícios a cumprir as regras e orientações neste domínio. Deve ser dada muita atenção ao isolamento das paredes durante a construção de uma casa ou a renovação óptima de um edifício. Durante a construção das paredes, são utilizados materiais como a espuma, o unolite, o poliuretano, etc. Os isolantes têm propriedades e funções diferentes. Para além do calor, muitos isolantes são também resistentes à humidade, ao som e ao fogo. As paredes mais importantes para a utilização do isolamento são as paredes exteriores do edifício, que provocam a transferência de calor. Muitas vezes, o ar natural pode satisfazer algumas das nossas necessidades energéticas. Isto é possível através de dispositivos de produção de energia, como os dispositivos de produção de energia solar e eólica, e é possível poupar bastante no consumo de energia deixando as janelas abertas durante o verão. Nos aparelhos que utilizam filtros de ar para a ventilação, com o tempo, o pó entope os filtros e impede a passagem correcta da energia, reduzindo a eficiência do sistema. Por este motivo, estes filtros devem ser controlados todos os anos e devem ser substituídos se estiverem obstruídos. De dia para dia, com o avanço da tecnologia, os aparelhos de ar condicionado são optimizados em termos de consumo de energia. É frequente ver-se muitas pessoas ou empregadores relutantes em comprar este tipo de aparelhos devido ao seu custo inicial mais elevado. Mas se prestar atenção ao custo da energia causada por aparelhos ineficientes, perceberá definitivamente que a utilização de equipamento moderno não só leva a um consumo de energia ótimo no edifício, como também reduz consideravelmente os custos de energia. O melhor tamanho e a orientação correcta das superfícies das janelas (vidro) no edifício de madeira-vidro desempenham um papel importante no que diz respeito à exploração da radiação solar como fonte de energia renovável para o aquecimento e, na maioria dos casos, só é aplicável em edifícios localizados em regiões frias ou temperadas. No entanto, a localização dos edifícios de madeira e vidro em regiões quentes é bastante diferente, pelo que a procura de energia para arrefecimento é o principal fator que contribui para o consumo anual de energia. A energia solar é uma das energias limpas e renováveis para o aquecimento de edifícios e uma tecnologia amiga do ambiente que desempenha um papel eficaz na redução do consumo de energia dos edifícios. Apesar disso, uma das características da energia solar é a sua baixa densidade de distribuição, descontinuidade e instabilidade devido às condições atmosféricas variáveis. Afinal, não existe um equilíbrio entre o tempo necessário para aquecer o edifício durante a noite e recolher a energia solar durante o dia. As alterações climáticas registadas nas últimas décadas não só incentivam os investigadores a encontrar as suas raízes, como também constituem um alerta e uma situação de emergência que exige a transferência das suas causas e a redução das condições de impacto no ambiente. No entanto, a distribuição da densidade da energia solar devido à rotação da Terra e às alterações O clima é baixo e a radiação solar não é contínua e a intensidade da radiação não é estável. Mais importante ainda, a diferença de temperatura entre o interior e o exterior é relativamente grande em regiões frias, a necessidade de aquecimento é maior à noite do que durante o dia, enquanto a radiação solar é zero à noite. Além disso, se quisermos utilizar corretamente a energia solar, temos de resolver o atraso temporal e a falta de proporcionalidade entre a absorção da energia solar durante o dia e a sua utilização durante a noite. Afinal, através da aplicação comercial da água quente solar, que é amplamente utilizada em regiões frias, pode obter-se facilmente água quente com uma temperatura superior a sessenta graus Celsius, que é adequada para utilização direta em banhos e água limpa. Mas a temperatura nestas áreas é considerada baixa para o modo térmico tradicional, e a energia solar é instável devido à influência de factores climáticos. Como mencionado acima, para utilizar corretamente a energia solar no aquecimento de edifícios, é necessário redesenhar o processo de recolha de energia solar, o processo de armazenamento de calor da energia solar e o processo de fornecimento de energia externa novamente de acordo com a diferença na temperatura adequada de transferência de calor. O elevado consumo de energia no sector da construção conduz a uma elevada intensidade de consumo de energia em toda a economia dos países. É normal que, na maioria dos países desenvolvidos, o sector da construção seja responsável por cerca de 50% do consumo final de energia. É evidente que a redução do consumo de energia nos edifícios é necessária para diminuir o consumo de energia na economia de um país e reduzir o seu impacto negativo no ambiente. Atualmente, a conservação de energia tornou-se um dos principais objectivos da política energética em diferentes países. É importante sublinhar que, para reduzir o consumo de energia de um país, esta regra geral e fundamental deve ser observada: primeiro, a eficiência energética, depois as opções inovadoras para as reservas de energia, incluindo a utilização de energias renováveis. Para a aplicar no sector da construção, é necessário começar por introduzir as opções tradicionais de redução do consumo de energia nos edifícios, como a melhoria das características térmicas do próprio edifício e a renovação dos sistemas energéticos existentes ou a sua substituição por outros mais eficientes. Quando a carga energética de um edifício é muito reduzida, a utilização de novas opções de armazenamento de energia, incluindo a utilização de energias renováveis, parece ser uma solução razoável e prática. Dependendo da estação do ano, a luz solar entra no edifício e tem um efeito diferente no consumo de energia do edifício. Assim, durante o inverno, a luz solar que atinge a nave espacial a partir de um edifício a sul pode fornecer calor solar passivo, reduzindo assim o consumo de energia necessário para aquecer o edifício. Pelo contrário, durante o verão, os raios solares que atingem o edifício, principalmente através das janelas viradas a sul, levam a uma acumulação excessiva de calor. Para reduzir a falta de calor proveniente da escassez, é necessário aumentar o consumo de energia necessário para arrefecer o edifício. Os dispositivos de sombreamento fixos, como as pérgolas, quando bem concebidos, podem reduzir significativamente o consumo de energia necessário para arrefecer o edifício no verão e também permitir a contribuição energética da radiação solar no inverno.

Referências

Gil-García, I. Integração do Recurso Eólico Marinho nos Sectores do Transporte e da Climatização: Estudio de Transición Energética en la Costa Este de EEUU. Tese de Doutoramento, Universidade Politécnica de Cartagena, Cartagena, Espanha, 2020. (Em espanhol)

Perspectivas das Transições Energéticas Mundiais: 1.5 °C Pathway; Relatório Técnico; Agência Internacional para as Energias Renováveis (IRENA): Abu Dhabi, Emirados Árabes Unidos, 2021. Disponível em linha: https://www.irena.org/publications (acedido em 5 de maio de 2022).

Relatório Global sobre Energia Eólica 2020; Relatório Técnico; Conselho Mundial da Energia Eólica (GWEC): Bruxelas, Bélgica, 2021. Disponível em linha: https://www.gwec.net (acedido em 5 de maio de 2022).

Ascensão das energias renováveis nas cidades: Energy Solutions for the Urban Future; Relatório Técnico; Agência Internacional para as Energias Renováveis (IRENA): Abu Dhabi, Emirados Árabes Unidos, 2021. Disponível online: https://www.irena.org/publications (acedido em 5 de maio de 2022).

Mithraratne, N. Roof-top wind turbines for microgeneration in urban houses in New Zealand (Turbinas eólicas de telhado para microgeração em casas urbanas na Nova Zelândia). Energy Build. 2009, 41, 1013-1018.

Chong, W.; Naghavi, M.; Poh, S.; Mahlia, T.; Pan, K. Análise técnico-económica de um sistema híbrido eólico-solar de energia renovável com recurso à recolha de águas pluviais para aplicação em arranha-céus urbanos. Appl. Energy 2011, 88, 4067-4077.

Balduzzi, F.; Bianchini, A.; Carnevale, E.A.; Ferrari, L.; Magnani, S. Análise de viabilidade da instalação de uma turbina eólica de eixo vertical Darrieus no telhado de um edifício. Appl. Energy 2012, 97, 921-929.

Toja-Silva, F.; Colmenar-Santos, A.; Castro-Gil, M. Sistemas urbanos de aproveitamento de energia eólica: Comportamento em condições de fluxo multidirecional - Oportunidades e desafios. Renovar. Sustain. Energy Rev. 2013, 24, 364-378.

Hsieh, C.M.; Fu, C.K. Evaluation of Locations for Small Wind Turbines in Costal Urban Areas Based on a Wind Energy Potential Map. Env. Model Assess 2013, 18, 593-604.

Millward-Hopkins, J.; Tomlin, A.; Ma, L.; Ingham, D.; Pourkashanian, M. Mapping the wind resource over UK cities. Renew. Energy 2013, 55, 202-211.

Romani'c, D.; Rasouli, A.; Hangan, H. Avaliação dos recursos eólicos num ambiente urbano complexo. Wind Eng. 2015, 39, 193-212.

Toja-Silva, F.; Peralta, C.; Lopez-Garcia, O.; Navarro, J.; Cruz, I. Avaliação do potencial eólico dependente da região do telhado com diferentes modelos de turbulência RANS. J. Wind Eng. Ind. Aerodyn. 2015, 142, 258-271.

Wang, B.; Cot, L.; Adolphe, L.; Geoffroy, S.; Morchain, J. Estimativa da energia eólica sobre o telhado de dois edifícios perpendiculares. Energy Build. 2015, 88, 57-67.

Al-Quraan, A.; Stathopoulos, T.; Pillay, P. Comparação de medições em túnel de vento e no local para estimar o rendimento potencial da energia eólica urbana. J. Wind Eng. Ind. Aerodyn. 2016, 158, 1-10.

Simões, T.; Estanqueiro, A. Uma nova metodologia para avaliação do recurso eólico urbano. Renew. Energia 2016, 89, 598-605.

Yang, A.S.; Su, Y.M.; Wen, C.Y.; Juan, Y.H.; Wang, W.S.; Cheng, C.H. Estimativa da produção de energia eólica numa área urbana densa. Appl. Energy 2016, 171, 213-230.

Aquino, A.I.; Calautit, J.K.; Hughes, B.R. Integração da correia aeroelástica no ambiente construído para aproveitamento do vento de baixa energia: Estado atual e um estudo de caso. Energy Convers. Manag. 2017, 149, 830-850.

Wang, B.; Cot, L.; Adolphe, L.; Geoffroy, S.; Sun, S. Análise de indicadores cruzados entre o potencial de energia eólica e a morfologia urbana. Renew. Energy 2017, 113, 989-1006.

Dilimulati, A.; Stathopoulos, T.; Paraschivoiu, M. Projectos de turbinas eólicas para aplicações urbanas: Um estudo de caso de um invólucro de difusor com cobertura para turbinas. J. Wind Eng. Ind. Aerodyn. 2018, 175, 179-192.

Kumar, R.; Raahemifar, K.; Fung, A.S. A critical review of vertical axis wind turbines for urban applications. Renew. Sustain. Energy Rev. 2018, 89, 281-291.

KC, A.; Whale, J.; Urmee, T. Condições de vento urbano e pequenas turbinas eólicas no ambiente construído: A review. Renew. Energy 2019, 131, 268-283.

Gough, M.; Lotfi, M.; Castro, R.; Madhlopa, A.; Khan, A.; Catalão, J.P.S. Urban Wind Resource Assessment: Um estudo de caso na Cidade do Cabo. Energias 2019, 12, 1479.

Ottosen, T.B.; Ketzel, M.; Skov, H.; Hertel, O.; Brandt, J.; Kakosimos, K.E. Modelação à microescala da velocidade do vento urbano para aplicações de poluição atmosférica. Sci. Rep. 2019, 9, 14279.

Zhang, Y.; He, S.; Gu, Z.; Wei, N.; Yu, C.W.; Li, X.; Zhang, R.; Sun, X.; Zhou, D. Medição, normalização e cartografia do ambiente eólico à escala urbana em Xi'an, China. Indoor Built Environ. 2019, 28, 1171-1180.

Droste, A.M.; Heusinkveld, B.G.; Fenner, D.; Steeneveld, G.J. Assessing the potential and application of crowdsourced urban wind data. R. Meteorol. Soc. 2020, 146, 2671-2688.

Liu, M.; Wang, X. Construção de campo de vento tridimensional e localização de turbinas eólicas num ambiente urbano. Fluids 2020, 5, 137.

Wang, J.W.; Yang, H.J.; Kim, J.J. Estimativa da velocidade do vento em áreas urbanas com base nas relações entre as velocidades do vento de fundo e os parâmetros morfológicos. J. Wind Eng. Ind. Aerodyn. 2020, 205, 104324.

Ge, M.; Zhang, S.; Meng, H.; Ma, H. Estudo sobre a interação entre a esteira da turbina eólica e o modelo de distrito urbano através de simulação de grandes turbilhões. Renew. Energy 2020, 157, 941-950.

Škvorc, P.; Kozmar, H. Aproveitamento da energia eólica em edifícios altos em ambientes urbanos. Renew. Sustentar. Energy Rev. 2021, 152, 111662.

Li, S.; Li, Y.; Yang, C.; Wang, Q.; Zhao, B.; Li, D.; Zhao, R.; Ren, T.; Zheng, X.; Gao, Z.; et al. Investigação experimental da solidez e de outras características de turbinas eólicas de eixo vertical duplo num ambiente urbano. Energy Convers. Manag. 2021, 229, 113689.

Yu, J.; Li, M.; Stathopoulos, T.; Zhou, Q.; Yu, X. Exposição urbana a montante do fetch e sua influência na formulação de provisões de carga de vento. Build. Environ. 2021, 203, 108072.

Xu, W.; Li, G.; Zheng, X.; Li, Y.; Li, S.; Zhang, C.; Wang, F. Simulação numérica de alta resolução do desempenho de turbinas eólicas de eixo vertical numa zona urbana: Parte I, turbinas eólicas na lateral de um único edifício. Renew. Energy 2021, 177, 461-474.

Sustentar o recrutamento. Disponível em linha: https://www.sustain-recruitment.com/ (acedido em 5 de maio de 2022).

Empresa de Arquitetura Sustentável e Design de Interiores (ZGF). Disponível online: https://www.zgf.com/ (acedido em 5 de maio de 2022).

Universidad Politécnica de Cartagena. Disponível online: https://www.upct.es/ (acedido em 5 de maio de 2022).

Beller, C. Urban Wind Energy. Tese de doutoramento, Danmarks Tekniske Universitet, Lyngby, Dinamarca; Risø Nationallaboratoriet for Bæredygtig Energi, Roskilde, Dinamarca, 2011.

Saeidi, D.; Sedaghat, A.; Alamdari, P.; Alemrajabi, A.A. Conceção aerodinâmica e avaliação económica de pequenas turbinas eólicas de eixo vertical específicas do local. Appl. Energy 2013, 101, 765-775.

Fortis Wind Energy: Home. Disponível online: https://www.fortiswindenergy.com (acedido em 5 de maio de 2022).

Renugen. Pequenas Turbinas Eólicas. Disponível online: https://www.renugen.co.uk/small-wind-turbines (acedido em 5 de maio de 2022).

Base de dados de turbinas eólicas. Disponível em linha: https://en.wind-turbine-models.com/turbines (acedido em 5 de maio de 2022).

Millward-Hopkins, J.; Tomlin, A.; Ma, L.; Ingham, D.; Pourkashanian, M. Assessing the potential of urban wind energy in a major UK city using an analytical model. Renew. Energy 2013, 60, 701-710.

Urban Wind Turbines Guidelines for Small Wind Turbines in the Built Environment (Directrizes para pequenas turbinas eólicas no ambiente construído). Disponível em linha: http://www.urbanwind.net/pdf/SMALL_WIND_TURBINES_GUIDE_final.pdf (acedido em 5 de maio de 2022).

Atlas Eólico Mundial. Disponível em linha: http://https://globalwindatlas.info/ (acedido em 5 de maio de 2022).

Google Earth. Disponível online: https://earth.google.com/web (acedido em 5 de maio de 2022).

Skyscraperpage. Disponível em linha: http://www.skyscraperpage.com (acedido em 5 de maio de 2022).

World Buildings Emporis. Disponível em linha: http://www.emporis.com/buildings (acedido em 5 de maio de 2022).

Laboratório Nacional de Energias Renováveis. Disponível em linha: https://maps.nrel.gov/wind-prospetor (acedido em 5 de maio de 2022).

VORTEX. Disponível em linha: https://interface.vortexfdc.com/ (acedido em 5 de maio de 2022).

Carrillo, C.; Cidrás, J.; Díaz-Dorado, E.; Obando-Montaño, A.F. Uma abordagem para determinar os parâmetros de Weibull para a análise da energia eólica: O caso da Galiza (Espanha). Energias 2014, 7, 2676-2700.

Comissão Eletrotécnica Internacional - CEI. Disponível em linha: http://www.iec.ch (acedido em 5 de maio de 2022).

Conselho de Certificação de Pequenos Eólicos. Disponível em linha: https://smallwindcertification.org/for-applicants/standards (acedido em 5 de maio de 2022).

Certificado MCS. Disponível em linha: https://mcscertified.com (acedido em 5 de maio de 2022).

Associação Japonesa de Pequenas Turbinas Eólicas. Disponível em linha: https://www.jswta.jp (acedido em 5 de maio de 2022).

Vortex FDC. Dados sobre recursos eólicos para projectos de parques eólicos. 2020. Disponível em linha: https://vortexfdc.com/ (acedido em 5 de maio de 2022).

Turbinas eólicas de eixo vertical o QR6 Helical VAWT. 2022. Disponível online: https://www.quietrevolution.com/ (acedido em 5 de maio de 2022).

Pequenas turbinas eólicas Bornay. 2022. Disponível online: https://www.bornay.com/en/products/small-wind-turbines (acedido em 5 de maio de 2022).

Turbinas eólicas DS300 Etneo. 2022. Disponível online: https://www.etneo.com/turbina-ds3000/ (acedido em 5 de maio de 2022).

Ozier, K.R. Estimando a potência produzida por uma turbina eólica montada no telhado em um ambiente urbano. Tese de doutoramento, Southern Illinois University, Carbondale, UL, EUA, 2021.

Georges, S.; Slaoui, F. Estudo de caso de sistemas híbridos de energia eólica-solar para iluminação pública. In Proceedings of the 2011 21st International Conference on Systems Engineering, Las Vegas, NV, EUA, 16-18 de agosto de 2011; pp. 82-85.

Wadi, M.; Shobole, A.; Tur, M.R.; Baysal, M. Sistema híbrido inteligente de iluminação pública eólica-solar baseado numa abordagem difusa: Estudo de caso Istambul-Turquia. In Proceedings of the 2018 6th International Istanbul Smart Grids and Cities Congress and Fair (ICSG), Istambul, Turquia, 25-26 de abril de 2018; pp. 71-75.

Xu, X.; Wang, W.; Fan, P.P. Análise de elementos finitos de um candeeiro de rua híbrido eólico-solar. Appl. Mech. Mater. 2013, 365, 201-205.

Sharif Zulkepele, S.A.; Saud Al-Humairi, S.N.; Chandrasekaran, J.S.; Ahmad, A.S.; Daud, R.J. Towards a Clean Energy: Projete um sistema de geração de energia híbrida eólica-solar para postes de luz em rodovias. Em Proceedings of the 2021 IEEE 9th Conference on Systems, Process and Control (ICSPC 2021), Malacca, Malásia, 10-11 de dezembro de 2021; pp. 98-102.

Calculadora de Equivalências de Gases de Efeito Estufa - Cálculos e Referências. 2022. Disponível em linha: https://www.epa.gov/

energy/greenhouse-gases-equivalencies-calculator-calculations-and-references#wind (acedido em 5 de maio de 2022).

Abohela, I., Hamza, N., Dudek, S., 2013. Efeito da forma do telhado, da direção do vento, da altura do edifício e da configuração urbana no rendimento energético e no posicionamento de turbinas eólicas montadas no telhado. Renew. Energy 50, 1106-1118.

Adaramola, M.S., Agelin-Chaab, M., Paul, S.S., 2014. Avaliação da produção de energia eólica ao longo da costa do Gana. Energy Convers. Manag. 77, 61-69.

Al-Quraan, A., Stathopoulos, T., Pillay, P., 2016. Comparação de medições em túnel de vento e no local para a estimativa do rendimento potencial da energia eólica urbana. J. Wind Eng. Ind. Aerod. 158, 1-10.

Arnold, S.J., ApSimon, H., Barlow, J., Belcher, S., Bell, M., Boddy, J.W., Britter, R., Cheng, H., Clark, R., Colvile, R.N., Dimitroulopoulou, S., Dobre, A., 2004. Introdução ao projeto de poluição atmosférica DAPPLE. Sci. Total Environ. 332 (1-3), 139-153.

Bachellerie, I.J., 2012. Renewable Energy in GCC Countries: Resources, Potential, and Prospects. Gulf Research Centre, Jeddah, Reino da Arábia Saudita. Bahrain World Trade Centre, em http://bahrainwtc.com/(acedido em agosto de 2011).

Baker, C.J., 2007. Engenharia eólica - passado, presente e futuro. J. Wind Eng. Ind. Aerod. 95 (9-11), 843-870.

Balduzzi, F., Bianchini, A., Ferrari, L., 2012a. Turbinas microeólicas no ambiente construído: influência do local de instalação no rendimento energético potencial. Renew. Energy 45, 163-174.

Balduzzi, F., Bianchini, A., Carnevale, E.A., Ferrari, L., Magnani, S., 2012b. Análise de viabilidade da instalação de uma turbina eólica de eixo vertical Darrieus na cobertura de um edifício. Appl. Energy 97, 921-929.

Barlow, J.F., 2014. Progresso na observação e modelação da camada limite urbana. Urban Climate 10, 216-240.

Barlow, J.F., Dobre, A., Smalley, R.J., Arnold, S.J., Tomlin, A.S., Belcher, S.E., 2009. Referenciação de fluxos ao nível da rua medidos durante a campanha DAPPLE 2004. Atmos. Environ. 43, 5536-5544.

Batista, N.C., Melício, R., Mendes, V.M.F., Calderon, M., Ramiro, A., 2015. Sobre uma turbina eólica Darrieus de arranque automático: projeto de pás e ensaios de campo. Renew. Sustain. Energy Rev. 52, 508-522.

Beller, C., 2009. Urban Wind Energy - State of the Art 2009 (Energia Eólica Urbana - Estado da Arte 2009). Riso DTU Laboratório Nacional de Energia Sustentável. Riso-R-1668(EN).

Blocken, B., 2014. 50 anos de engenharia eólica computacional: passado, presente e futuro. J. Wind Eng. Ind. Aerod. 129, 69-102.

Blocken, B., 2015. Dinâmica de Fluidos Computacional para Física Urbana: importância, escalas, possibilidades, limitações e dez dicas e truques para simulações precisas e fiáveis. Build. Environ. 91, 219-245.

Blocken, B., 2016. In: Cidades inteligentes: uma perspetiva de engenharia eólica. Apresentado em INVENTO 2016, XIV Conferência da Associação Italiana de Engenharia Eólica, 25-28 de setembro de 2016, Terni, Itália.

Blocken, B., Carmeliet, J., Stathopoulos, T., 2007. CFD evaluation of wind speed conditions in passages between parallel buildings-effect of wall-function roughness modifications for the atmospheric boundary layer flow. J. Wind Eng. Ind. Aerod. 95 (9-11), 941-962.

Blocken, B., Carmeliet, J., Stathopoulos, T., 2013. CFD simulation of pedestrian-level wind conditions around buildings: past achievements and prospects. J. Wind Eng. Ind. Aerod. 121, 138-145.

Blocken, B., Moonen, P., Stathopoulos, T., Carmeliet, J., 2008b. Um estudo numérico sobre a existência do efeito Venturi em passagens entre edifícios perpendiculares. J. Eng. Mech. ASCE 134 (12), 1021-1028.

Blocken, B., Stathopoulos, T., Beeck, J.P., van, A.J., 2016. Condições de vento ao nível do peão em torno de edifícios: revisão das técnicas de túnel de vento e CFD e sua precisão para avaliação do conforto do vento. Build. Environ. 100, 50-81.

Blocken, B., Stathopoulos, T., Carmeliet, J., 2008a. Condições ambientais do vento em passagens entre dois edifícios perpendiculares longos e estreitos. J. Aerospace Eng. ASCE 21 (4), 280-287.

Burlando, M., Carassale, L., Georgieva, E., Ratto, C.F., Solari, G., 2007. Um procedimento simples e eficiente para a simulação numérica de campos de vento em terrenos complexos. Boundary-Layer Meteorol. 125, 417-439.

Cace, J., Horst, E., Syngellakis, K., Niel, M., Clement, P., Heppener, R., Peirano, E., 2007. Urban wind turbines, guidelines for small wind turbines in the built environment, 41. Disponível em http://www.urbanwind.net/pdf/SMALL_WIND_TURBINES_GUIDE_final.pdf.

Campbell, N.S., Stankovic, S., 2001. Energia Eólica para o Ambiente Construído-Projeto WEB. Um relatório para o Contrato Joule III nº JOR3-CT98-01270 2001.

Chaudhry, H.N., Calautit, J.K.S., Hughes, B.R., 2014. A influência da morfologia estrutural na eficiência da construção de turbinas eólicas integradas (BIWT). AIMS Energy 2 (3), 219-236.

Cheng, H., Hayden, P., Robins, A.G., Castro, I.P., 2007. Escoamento sobre matrizes de cubos de diferentes densidades de empacotamento. J. Wind Eng. Ind. Aerod. 95 (8), 715-740.

Chong, W.T., Naghavi, M.S., Poh, S.C., Mahlia, T.M.I., Pan, K.C., 2011. Análise técnico-económica de um sistema híbrido eólico-solar de energia renovável com recurso à recolha de águas pluviais para aplicação em arranha-céus urbanos. Appl. Energy 88 (11), 4067-4077.

Chong, W.T., Gwani, M., Tan, C.J., Muzammil, W.K., Poh, S.C., Wong, K.H., 2017. Conceção e ensaio de uma nova turbina eólica de eixo cruzado integrada num edifício. Appl. Sci. 7 (3), 251.

Coceal, O., Belcher, S.E., 2004. Um modelo de cobertura de ventos médios em áreas urbanas. Q. J. R. Meteorol. Soc. 130 (599), 1349-1372.

Cui, P.Y., Li, Z., Tao, W.Q., 2016. Medições em túnel de vento para efeitos térmicos no fluxo de ar e dispersão de poluentes através de áreas urbanas de diferentes escalas. Build. Environ. 97, 137-151.

Dilimulati, A., Stathopoulos, T., Paraschivoiu, M., 2018. Projetos de turbinas eólicas para aplicações urbanas: um estudo de caso de invólucro de difusor envolto para turbinas. J. Wind Eng. Ind. Aerod. 175, 179-192.

Drew, D.R., Barlow, J.F., Cockerill, T.T., 2013. Estimativa do rendimento potencial de pequenas turbinas eólicas em zonas urbanas: um estudo de caso para a Grande Londres, Reino Unido. J. Wind Eng. Ind. Aerod. 115, 104-111.

Emejeamara, F.C., Tomlin, A.S., Millward-Hopkins, J.T., 2015. Vento urbano: caraterização da rajada útil e captação de energia. Renew. Energy 81, 162-172. Fig. 10. Estimativa da produção anual de energia eólica utilizando CFD (Blocken, 2016).

Eriksson, S., Bernhoff, H., Leijon, M., 2008. Avaliação de diferentes conceitos de turbinas para energia eólica. Renew. Sustain. Energy Rev. 12 (5), 1419-1434.

Ferziger, J.H., 1990. Approaches to turbulent flow computation: applications to flow over obstacles. J. Wind Eng. Ind. Aerod. 35, 1-19.

Fernando, H.J.S., Zajic, D., Di Sabatino, S., Dimitrova, R., Hedquist, B., Dallman, A., 2010. Fluxo, turbulência e dispersão de poluentes em atmosferas urbanas. Phys. Fluids 22 (5), 1-20, 051301.

Franke, J., Hellsten, A., Schlünzen, H., Carissimo, B., 2007. Guia de boas práticas para a simulação CFD de fluxos no ambiente urbano. COST 732: Garantia de Qualidade e Melhoria de Modelos Meteorológicos de Microescala.

Goltenbott, U., Ohya, Y., Yoshida, S., Jamieson, P., 2017. Interação aerodinâmica de turbinaseólicas aumentadas por difusor em sistemas multi-rotor. Renew. Energy 112, 25-34.

Grant, A., Johnstone, C., Kelly, N., 2008. Urban wind energy conversion: the potential of ducted turbines. Renew. Energy 33 (6), 157-1163.

Grimmond, C.S., Oke, T.R., 1999. Propriedades aerodinâmicas de áreas urbanas derivadas da análise da forma da superfície. Jornal de Meteorologia Aplicada e Climatologia 38, 1262-1292.

Heath, M.A., Walshe, J.D., Watson, S.J., 2007. Estimating the potential yield of small building-mounted wind turbines (Estimativa do rendimento potencial de pequenas turbinas eólicas montadas em edifícios). Wind Energy 10, 271-287.

Ishugah, T.F., Li, Y., Wang, R.Z., Kiplagat, J.K., 2014. Avanços na exploração de recursos de energia eólica em ambiente urbano: uma revisão. Renew. Sustain. Energy Rev. 37, 613-626.

Isyumov, N., Davenport, A.G., 1975. O ambiente de vento ao nível do solo em áreas construídas. In: Procedimentos da Quarta Conferência Internacional sobre Efeitos do Vento em Edifícios e Estruturas. Cambridge University Press, Heathrow, Reino Unido, pp. 403-422, 1975.

Jamil, M., Parsa, S., Majidi, M., 1995. Wind power statistics and an evaluation of wind energy density (Estatísticas da energia eólica e avaliação da densidade da energia eólica). Renew. Energy 6 (5-6), 623-628.

Kanda, M., Inagaki, A., Miyamoto, T., Gryschka, M., Raasch, S., 2013. Uma nova parametrização aerodinâmica para superfícies urbanas reais. Boundary-Layer Meteorol. 148 (2), 357-377.

Kent, C.W., Grimmond, S., Barlow, J., Gatey, D., Kotthaus, S., Lindberg, F., Halios, C.H., 2017. Avaliação dos parâmetros aerodinâmicos urbanos à escala local: implicações para o perfil vertical da velocidade do vento e para as áreas de origem. Boundary-Layer Meteorol. 164 (2), 183-213.

Ledo, L., Kosasih, P.B., Cooper, P., 2011. Análise do local de montagem no telhado para micro-turbinas eólicas. Renew. Energy 36 (5), 1379-1391.

Leschziner, M.A., 1990. Modelagem de fluxos de engenharia com fechamento de turbulência de tensão de Reynolds. J. Wind Eng. Ind. Aerod. 35, 21-47.

Li, Q.S., Shu, Z.R., Chen, F.B., 2016. Avaliação do desempenho de turbinas eólicas integradas em edifícios altos para geração de energia. Appl. Energy 165, 777-788.

Lu, L., Ip, K.Y., 2009. Investigação sobre a viabilidade e os métodos de melhoramento da utilização da energia eólica em edifícios altos de Hong Kong. Renew. Sustain. Energy Rev. 13 (2), 450-461.

Lu, L., Sun, K., 2014. Avaliação e utilização da energia eólica num edifício de referência em zona urbana. Energy Build. 68, 339-350. Mathew, S., Pandey, K.P., Kumar, V.A., 2002. Análise de regimes de vento para estimativa de energia. Renew. Energy 25 (3), 381-399.

Meroney, R.N., 2016. Dez questões relativas à simulação de modelos híbridos computacionais/físicos do fluxo de vento no ambiente construído. Build. Environ. 96, 12-21.

Meroney, R.N., Derickson, R., 2014. Realidade virtual na engenharia eólica: o mundo ventoso dentro do computador. J. Wind Eng. 11 (2), 11-26.

Mertens, S., 2002. Energia eólica em áreas urbanas: efeitos concentradores para turbinas eólicas próximas de edifícios. Refocus 3 (2), 22-24.

Mertens, S., 2006. Energia eólica no ambiente construído. Multi-science. Brentwood, Essex, Reino Unido.

Millward-Hopkins, J.T., Tomlin, A.S., Ma, L., Ingham, D.B., Pourkashanian, M., 2013. Avaliação do potencial da energia eólica urbana numa grande cidade do Reino Unido utilizando um modelo analítico. Renew. Energy 60, 701-710.

Mithraratne, N., 2009. Turbinas eólicas de telhado para microgeração em casas urbanas na Nova Zelândia. Energy Build. 41 (10), 1013-1018.

Müller, G., Jentsch, M.F., Stoddart, E., 2009. Turbinas eólicas de eixo vertical do tipo resistência para utilização em edifícios. Renew. Energy 34 (5), 1407-1412.

Murakami, S., 1990. Computational wind engineering. J. Wind Eng. Ind. Aerod. 36 (1), 517-538. Murakami, S., 1997. Situação atual e tendências futuras da engenharia eólica computacional. J. Wind Eng. Ind. Aerod. 67-68, 3-34.

Nagare, P., Shettigar, R., Nair, A., Kale, P., Nambiar, P., 2015. In: Turbina eólica de eixo vertical. In Proceeding of 2015 International Conference on Technologies for Sustainable Development (ICTSD-2015), 1-6, Mumbai, India, Feb 04-06.

Nishimura, A., Ito, T., Kakita, M., Murata, J., Ando, T., Kamada, Y., Hirota, M., Kolhe, M., 2014. Impacto da disposição dos edifícios na produção de energia das turbinas eólicas no ambiente construído: um estudo de caso da cidade de Tsu. J. Jpn. Inst. Energy 84, 315-322.

Ohya, Y., Karasudani, T., 2010. Uma turbina eólica com cobertura que gera uma elevada potência de saída com a tecnologia de lentes de vento. Energias 3 (4), 634-649.

Pagnini, L.C., Burlando, M., Repetto, M.P., 2015. Curva de potência experimental de turbinas eólicas de pequeno porte em ambiente urbanoturbulento. Appl. Energy 154, 112-121.

Paraschivoiu, I., 2002. Wind Turbine Design: with Emphasis on Darrieus Concept. Polytechnic International Press, Canadá. Park, J., Jung, H., Lee, S., Park, J., 2015. Um novo sistema de turbina eólica integrado no edifício que utiliza o edifício. Energias 8 (10), 11846-11870.

Park, M., Hagishima, A., Tanimoto, J., Narita, K.I., 2012. Efeito da vegetação urbana no ambiente térmico exterior: medição de campo num local modelo à escala. Build. Environ. 56, 38-46.

Peacock, A.D., Jenkins, D., Ahadzi, M., Berry, A., Turan, S., 2008. Micro turbinas eólicas no sector doméstico do Reino Unido. Energy Build. 40 (7), 1324-1333.

Razak, A.A., Hagishima, A., Ikegaya, N., Tanimoto, J., 2013. Análise do fluxo de ar sobre matrizes de edifícios para avaliação do ambiente de vento urbano. Build. Environ. 59, 56-65.

Ricci, A., Burlando, M., Freda, A., Repetto, M.P., 2017. Medições em túnel de vento do desenvolvimento da camada limite urbana sobre um distrito histórico em Itália. Build. Environ. 111, 192-206.

Saha, U.K., Thotla, S., Maity, D., 2008. Configuração óptima do design do rotor Savonius através de experiências em túnel de vento. J. Wind Eng. Ind. Aerod. 96, 1359-1375.

Sari, D.P., 2015. Medição da influência da inclinação do telhado no aumento da densidade de potência eólica. Energy Procedia 65, 42-47.

Schatzmann, M., Rafailidis, S., Pavageau, M., 1997. Algumas observações sobre a validação de modelos de dispersão em pequena escala com dados de campo e de laboratório. J. Wind Eng. Ind. Aerod. 67-68, 885-893.

Sharpe, T., Proven, G., 2010. Crossflex: conceito e desenvolvimento inicial de uma verdadeira turbina eólica integrada num edifício. Energy Build. 42 (12), 2365-2375.

Sieros, G., Chaviaropoulos, P., Sørensen, J.D., Bulder, B.H., Jamieson, P., 2012. Upscaling wind turbines: theoretical and practical aspects and their impact on the cost of energy. Wind Energy 15, 3-17.

Solari, G., 2007. A associação internacional para a engenharia eólica (IAWE): progressos e perspectivas. J. Wind Eng. Ind. Aerod. 95, 813-842.

Stathopoulos, T., 1997. Computational wind engineering: past achievements and future challenges. J. Wind Eng. Ind. Aerod. 67-68, 509-532. Strata Tower, em http://inhabitat.com/first-skyscraper-with-built-in-windturbinesopensin-london/(acedido em agosto de 2011).

Tabrizi, A.B., Whale, J., Lyons, T., Urmee, T., 2014. Desempenho e segurança de turbinas eólicas de telhado: uso de CFD para obter informações sobre as condições de entrada. Renew. Energy 67, 242-251.

Toja-Silva, F., Colmenar-Santos, A., Castro-Gil, M., 2013. Sistemas de aproveitamento de energia eólica urbana: comportamento em condições de fluxo multidirecional - oportunidades e desafios. Renew. Sustain. Energy Rev. 24, 364-378.

Toja-Silva, F., Peralta, C., Lopez-Garcia, O., Navarro, J., Cruz, I., 2015. Avaliação do potencial eólico dependente da região do telhado com diferentes modelos de turbulência RANS. J. Wind Eng. Ind. Aerod. 142, 258-271.

Tominaga, Y., Stathopoulos, T., 2013. Simulação CFD da dispersão de poluentes em campo próximo no ambiente urbano: uma revisão das técnicas de modelação actuais. Atmos. Environ. 79, 716-730.

Tominaga, Y., Mochida, A., Yoshie, R., Kataoka, H., Nozu, T., Yoshikawa, M., Shirasawa, T., 2008. Orientações da AIJ para aplicações práticas de CFD ao ambiente de vento pedonal em torno de edifícios. J. Wind Eng. Ind. Aerod. 96 (10-11), 1749-1761.

Walker, S.L., 2011. Building mounted wind turbines and their suitability for the urban scale-A review of methods of estimating urban wind resource. Energy Build. 43 (8), 1852-1862.

Wang, B., Cot, L.D., Adolphe, L., Geoffroy, S., Morchain, J., 2015. Estimativa da energia eólica sobre o telhado de dois edifícios perpendiculares. Energy Build. 88, 57-67.

Wang, W., 2012. Um modelo analítico para perfis de vento médio em copas esparsas. Boundary-Layer Meteorol. 142, 383-399. Wang, W., 2014. Modelagem analítica de perfis médios de vento e tensão em dosséis. Boundary-Layer Meteorol. 151, 239-256.

Weerasuriya, A.U., Tse, K.T., Zhang, X., Li, S.W., 2018. Um estudo em túnel de vento dos efeitos dos fluxos de vento torcidos no campo de vento ao nível dos peões num ambiente urbano. Build. Environ. 128, 225-235.

Wekesa, D.W., Wang, C., Wei, Y., Zhu, W., 2016. Estudo experimental e numérico do efeito da turbulência no desempenho aerodinâmico de uma turbina eólica de eixo vertical de pequena escala. J. Wind Eng. Ind. Aerod. 157, 1-14.

Xu, X., Yang, Q., Yoshida, A., Tamura, Y., 2017. Características do vento ao nível dos peões em torno de edifícios super altos com várias configurações. J. Wind Eng. Ind. Aerod. 166, 61-73.

Yang, A., Su, Y., Wen, C., Juan, Y., Wang, W., Cheng, C., 2016. Estimativa da produção de energia eólica numa área urbana densa. Appl. Energy 171, 213-230.

Printed by Books on Demand GmbH, Norderstedt / Germany